Journal météorologique

DU MÊME AUTEUR

ROMANS

Le congé, Mercure de France, 1965.

Élisabeth Skerla, Mercure de France, 1967.

Un voyage en province, Mercure de France, 1970.

Les lumières de l'Antarctique, Denoël, 1973.

La vie comme ça, Denoël, 1974.

Bermuda, Le Seuil, 1977.

La nuit tombante, Le Seuil, 1978.

Jeunesse dans une ville normande, Le Seuil, 1981.

Exit, sous le pseudonyme de Paul Clément, « Série noire », Gallimard, 1981.

Je tue à la campagne, sous le pseudonyme de Paul Clément, « Série noire », Gallimard, 1982.

Enquête d'hiver, Le Seuil, 1984.

L'après-midi, Gallimard, 1987.

L'adieu à la raison, Grasset, 1991.

La peau du monde, Le Seuil, 1991.

Le voyage de Hölderlin en France, Le Seuil, 1993.

Les deux léopards, Le Seuil, 1997.

Province, Le Seuil, 1997.

L'homme du silence, Le Seuil, 1999.

Ma vie, son œuvre, Le Seuil, 2001.

La maîtresse de Brecht, Albin Michel, prix Goncourt 2003.

Un été chez Voltaire, Albin Michel, 2007.

Le Lac d'or, Albin Michel, 2008.

RÉCITS

Confessions d'un enfant gâté, Le Seuil, prix Roger Nimier 1986.

Stendhal, 3 juin 1819, Jean-Claude Lattès, 1994.

THÉÂTRE

Les sables mouvants, Gallimard, 1982.

La Waldstein, Gallimard, 1984.

Les environs de Heilbronn, Gallimard, 1989.

Le maître-nageur, Gallimard, 1989.

Singe, Gallimard, 1990.

Après nous, Gallimard, 1991.

Le mal du pays, Gallimard, 1992.

Passions secrètes, crimes d'avril, Gallimard, prix CIC 1992.

Appassionata, Gallimard, 1993.

La clairière, Actes Sud, 1997.

Le tableau de Poussin, Albin Michel, 2005.

Jacques-Pierre Amette

Journal météorologique

Éditions des Équateurs

Courriel : editionsdesequateurs@wanadoo.fr
Site Internet : www.equateurs.fr

« Le soleil accable la ville de sa lumière droite et terrible ; le sable est éblouissant et la mer miroite. Le monde stupéfié s'affaisse lâchement et fait la sieste, une sieste qui est une espèce de mort savoureuse où le dormeur, à demi éveillé, goûte les voluptés de son anéantissement. »

Baudelaire, *Le Spleen de Paris*.

2 juin.

J'ai loué une maison dans une presqu'île. Cette demeure blanche surplombe une baie et un port. Les chalutiers reviennent avec des casiers emplis de crustacés. On accède à la terrasse par un petit escalier extérieur avec une exquise rampe de fer. Je me suis installé dans ce vieux café avec mon amie, Ariane aux bras clairs. Les pièces sont grandes, spacieuses, avec des meubles aux lignes sobres... L'escalier intérieur, bien ciré, craque sous les pas.

Quand on ouvre les fenêtres, la calme beauté de la baie éclaire ; le soir, les lumières de l'autre rive scintillent. On se demande d'où vient l'éclat blanc, intermittent, flashé, qui s'allume à la tombée de la nuit... Souvent, à l'heure du dîner, nous recevons la visite de l'Écrivain. C'est notre Swann, notre visiteur du soir. Il nous a fait connaître cet endroit. Nous nous asseyons vers 9 heures et nous buvons en regardant ces lumières fixes de la rive en face, avec ce que nous devinons de ces gens enfermés dans leurs étroites maisonnettes. L'Écrivain observe les courants, les nuages, la position des voiliers, le passage d'une barge ou d'un chalutier avec des feux de positions qui se balancent et s'éloignent.

Sur l'eau, le mauve pénètre dans le bleu noir de la baie, il observe, mon ami, cette baie ; elle lui appartient, c'est son domaine depuis tant d'années, hanté par des voiles disparues, des départs de goélettes dans la brume, des souvenirs de longue nage, des promenades en yole, des embarquements pour des courses longues, et il a souvent l'air d'attendre, comme les marins, un changement de vent ou quelque chose qui ne viendra jamais et qui forme le fond de ses songes.

Après le repas, au milieu des verres vides et des assiettes en désordre, des miettes de pinces de crabe éclatées, on s'adonne à quelque chose qui ressemble à un sobre bégaiement littéraire. Il aime Chateaubriand, Ariane et moi préférons Stendhal ; mais nous rapproche cette réflexion sur la surface de calme de la marée qui monte ou se retire. Ces eaux noires huileuses appellent notre vie passée et reçoivent notre vie future dans la lenteur et la beauté de la nuit qui commence... comme d'autres, près d'une tombe, subissent ce monde qui en a offensé plus d'un.

L'obscurité apaisante, la douceur de la nuit, la route étroite bordée de maisonnettes de pêcheurs nous rendent à un amour primitif de choses simples : la solitude première, féconde, songeuse, à trois. L'homme nu, dans le vin, est désarmé, a dit un écrivain italien, mais il n'est pas humilié, et cet endroit n'humilie personne.

C'est un peu l'histoire de cet été-là. Il n'y eut pas de grands mots ni d'événements qui font les romans spectaculaires, mais une vie simple de trois êtres sous un ciel changeant.

Beaucoup d'orages et d'éclaircies.

Ce fut donc quelques rochers noirâtres entourés d'une eau tranquille ; une couche nuageuse basse et grise enferme le plomb de la terre dans sa tranquillité et garde longtemps le grondement orageux du large comme si nous ne pouvions échapper au paysage.

Les longues ondulations mauves forment des ombres étirées qui approchent du port et de la zone de carénage, caillouteuse et encombrée d'épaisseurs de coquilles Saint-Jacques. La douceur du ciel s'étend à nouveau sur le chenal mauve. Les bateaux sont suspendus sous des pâleurs nuageuses, ondulations froides le long des coques. Palpitation affaiblie des eaux ; elles forment, vers le soir, une approche infime qui revient à mesure que la baie éteint ses brillances et laisse les affleurements obscurs courir le long de la jetée, entre des corps morts et des balises. De l'autre côté de la baie, les collines, bien au-delà de la première, se nuancent de sombres lisières et de lignes forestières qui prennent l'obscurité ; la rive devient un immense miroir posé sur la partie du vide du ciel.

Approche de la nuit. Le néant et la douceur sont là, en même temps ; quand je m'appuie sur la rambarde de fer, j'entends le ruissellement régulier d'un écoulement d'eau que crache une tuyauterie. Plus loin, le parking et ses casiers, les dents des chaluts qui rouillent ressemblent à des pattes d'araignées géantes ; armatures de fer et entassements de poches à huîtres, simples sacs aux mailles vaseuses blanchissant au soleil. Il y a aussi, dans le crépuscule, un tracteur, des fanions, des paniers de plastique jaune qui contiennent des entassements de filets de nylon.

La première approche du soir dessine un mouvement lent et vaste, elle cristallise la soirée. Cette suspension du temps et l'infinie variation des vaguelettes proches ne s'apaisent jamais tout à fait et ne forment jamais un vrai silence. Claquement précipité de sandalettes qui s'éloignent quelque part, vers le vieil escalier de pierre ; plus tard la balance et le clapot. Les chalutiers encore plus enfoncés dans l'eau, le grincement d'un treuil. Quelqu'un qui dit en bas, sur la pente cimentée : « Je t'ai attendu toute la soirée, où étais-tu ? »

21 h 30. L'immobilité complète. Néant orageux, la baie devient une plaque d'étain. Ariane allume des bougies en protégeant la flamme avec sa main... Dans l'épais silence de la marée montante, un volet s'ouvre, grince et claque tout près d'ici. On découvre que dans la maison voisine — qu'on croyait vide — il y a quelqu'un. Dans la cour apparaît une sorte de ruine méfiante, silhouette assez

osseuse, voûtée, yeux fiévreux, cheveux clairsemés jaunasses. L'homme au dos voûté replie d'énormes bâches. Il nous observe l'œil mauvais, rentre chez lui, ferme les volets.

Des lueurs bleues vers le chenal. Ariane pose des bougies sur la nappe. La suspension irréelle du soir pendant le dîner. Les nuages éclairent l'horizon sur les laisses d'eau qui forment miroir.

Sur le parking un cheval, attaché à un van, mâchouille sa longe et frappe du sabot sur le goudron noir. Un homme en blouse lui flatte l'encolure, lui parle et le fait monter dans le van.

22 h 40. L'estuaire prend une teinte foncée qui coule, se divise et multiplie les reflets et les courants… Des bleus et des mauves naissent en bandes parallèles dans l'estuaire. L'apaisement gagne la baie ; l'attente et le calme se forment et nous touchent tous trois autour de la table. Une tache d'huile d'olive s'étend sur la nappe en papier gaufré. Le silence s'installe entre nous. Dans cette torpeur, le léchouillage des vaguelettes qui approchent signale que la marée va bientôt être au plein. Un saladier ressemble à une vas-

que romaine. Les flammes des bougies font vaciller les ombres entrecroisées des carafes et des verres à pied sur la nappe. Mon regard s'attarde sur le creux blanc du cou d'Ariane. Et aussi vers la naissance des cheveux ramenés en un chignon impeccable. Ariane croise alors une jambe sur l'autre et son genou dépasse de sa jupe Vichy. Monde nébuleux du soir, monde flottant en ombres fugitives entre nos trois silences. Un léger tremblé d'eau quand nous venons nous accouder sur la rambarde pour regarder clignoter les balises lumineuses.

9 juin.

Ce matin, brouillard. Sur la terrasse, une espèce de bruine. Vers la route, arbres fantomatiques et pins en estampes japonaises qui découpent la solitude ouateuse du ciel ; puis vers midi la baie et ses embarcations se découvrent. Déjeuner sous un ciel bleu pâle et nuages hauts balayés par des vents, ou plutôt de grandes traînées blanches et vers le large des nuages pommelés et de lourdes masses auréolées de lumière. Mer grise avec des clartés vertes très douces. L'ensemble de la côte et des rivages reste dans la brume. Un point fixe s'allume au-delà de la baie.

Une cascade d'eau tombe sur les rochers, éclabousse la jetée de ciment. On vide plusieurs viviers.

10 juin.

Ciel bleu le matin. À 11 heures, le banc de brume se dissipe puis un hélicoptère rase les toits avec un raffut de pales et un sifflement de turbine assourdissant. Ariane étend le linge. Marché. Foule devant les étals des poissonnières.

Ensoleillement par vagues. À marée montante, entre les rochers, l'eau forme un lac gris qui s'étend et s'étale en plaques frissonnantes. Champs d'algues vastes, incurvés, sablonneux et traversés de milliers de ruisseaux, qui brunissent une partie de la baie. Là-bas des maisonnettes blanches vers Kerroc'h. Je reste longtemps à examiner l'eau tremblante au soleil, les algues qui ondulent et surtout la lisière fantomatique et brumeuse du port sur la droite ; les étendues étincellent de temps en temps. Puis de nouvelles couches nuageuses couvrent la brumeuse campagne et ses rives ; elles montent par degrés, mouvement immense, trouées diffuses de clartés radieuses. Des martinets effleurent les voiliers. La baie sourde, muette, sournoise et sa lumière flottante. Vide sur vide, un léger fil d'ombre le long des barques. Un monde coupé en deux par une ligne indécise où une moitié en reflète l'autre mais sommes-nous à l'envers ? Où est l'endroit ? Une mouette tombe d'un trait sur les vagues. Dans l'embrasure de la fenêtre, je vois la rive en face qui devient une chaîne de monts solitaires avec les ruines noires des bourgs. Ce qui étincelle, glissement d'ombres sur des jardins, arches et aqueducs, rougeurs sombres, champs bordés d'un vert cru. Puis, à 16 heures, de nouveau le brouillard ; quelques reflets huileux serpentent le long des roches. Tout devient immobile, un hélicoptère revient avec son bruit énorme.

11 juin.

Nuages clairsemés qui tracent des chemins dans le ciel. Résultat du premier tour des élections législatives. « Une déferlante bleue », titrent les journaux.

À 11 heures du matin, les longs rochers émergent de l'eau qui tourbillonne. La rive, côté forêt, retient la brume et cache l'abbaye de Beauport. Aucun reflet, une plaine de vase et plus loin une nappe de plomb. Sur la terrasse, sensation d'une cuve de chaleur stagnante. La brise est chargée d'odeurs iodées, un estuaire mort.

À midi, le vent souffle, le plein soleil fait briller les toits d'ardoises. Sur la terrasse, Ariane s'empresse d'étaler une nappe sur la table du jardin. On déroule les stores. Des mouches minuscules trottinent sur les vitres limpides envahies de reflets de la mer et des vagues qui approchent.

Quand Ariane apporte les couverts et les assiettes, tout revêt en quelques secondes l'apparence d'un simple mirage. Sommes-nous ? Rêvons-nous ? Disparaissons-nous ? Les barques, les annexes et la grosse rocaille et la pente cimentée humide pèsent d'un poids magnifique. Nous sommes, nous, des papillons à peine posés un instant dessus. Évanouis et disparus ce soir. Un grappin près d'une coque de chalutier racle contre le ciment, des flaques d'eau s'étalent en grands ronds de mercure. Les feuilles des vastes arbres centenaires frissonnent.

Hier, je me rendis à l'Arcouest, dans le brouillard et le froid, au milieu du parking brumeux. Ça me donne toujours une image de l'errance des couples en hiver, quand ils ne savent plus quoi faire l'un en face de l'autre.

Le vent apportait d'énormes bouffées de vapeurs froides, les nuages s'écrasaient sur les baies vitrées de l'hôtel comme venus d'une vallée de demi-dieux océaniques. Puis, en quelques minutes, la brume se dissipe, le ciel vide éclatant, de rares nuages œufs à la neige montent dans un bleu limpide. La côte se réchauffe. Ariane, appuyée contre la portière de la Volvo, déplie et tourne les pages des journaux.

Cuve orageuse sur le presbytère, chaleur stagnante pendant le déjeuner. Des oiseaux pépient, un voilier passe puis s'efface dans une légère brume de chaleur qui rôde sur les murets et les jardins. Après la sieste, sur la terrasse, nous lisons des romans très anciens, des martinets effleurent les rochers, en choisissant les zones sombres. Quelques flaques couleur urine croupissent dans les barges plates et leurs poches d'huîtres avec des boues couleur ciment frais…

Devant la fenêtre étroite, un canot à moteur. Son pare-brise jette régulièrement une piqûre de lumière sur le papier peint de la chambre, entre les barreaux de cuivre du lit comme pour manifester la balance de la marée… Il faut alors laisser errer le regard tout au long de la baie, avec ses masures, ses rivages secs et calcaires, sa bande de cailloutis qui rayonne et forme une sorte d'irradiation osseuse… Galets, clous, champs vides, bacs à ciment à coulures de rouille, décombres de coques de bateaux pourrissant avec leurs vertèbres goudronneuses dans un résidu de pluie. Sans oublier le long tronc fendu d'un sapin enfoui dans un terrain marécageux, près d'un ancien lavoir réduit à quelques planches démantelées qui puent.

À l'est, la vieille tour de guet en ruine. Des groupes de jeunes gens, la nuit, s'y réunissent et viennent allumer un brasier pour, ensuite, danser autour et s'alcooliser. Ils achèvent la soirée avec des filles et de la bière. À l'aube, on entend une pétarade de motocyclettes qui s'éloignent vers Ploubazlanec en remontant par de petites routes à travers les champs de choux. Le blanc spectral d'un banc de sable retient le regard.

Près de la montée herbeuse vers la route départementale… Une clarté grise, une sorte de sommeil de plein ciel tout proche. Des cris d'enfants, je repense alors à Rome, les forums à l'ombre des pins, le chèvrefeuille et les dieux parmi les fûts, les colonnes brisées, les stades d'herbe rase aux brebis bêlantes, et ces petits monts solitaires avec les plumeaux des arbustes, tumuli tièdes, pelouse râpeuse jonchée de poteries étrusques aux tessons de terre séchée. Liasses de vieux magazines, jeunes filles distraites qui bavardent dans le bosquet à l'ombre de la pinède ou bien un cortège pompeux et cuivré de vierges vêtues de robes blanches avec licteurs, mendiantes, sénateurs aux fronts fleuris, obscur sommeil de bustes dans la rosée du matin, nez cassés d'empereurs romains, aux yeux vides, nuques poreuses. La matinée, déjà, s'annonce populeuse : parviennent les rumeurs d'un embouteillage.

Au cours de la nuit, le vent se lève, la maison craque, l'escalier grince vers le grenier. Le sommeil efface tout. Au lever du jour, on distingue dans la buée de la vitre le parking noir, mouillé, avec des gens encapuchonnés qui s'affairent autour d'un camion réfrigérant. Ils déchargent des caissettes de poissons dans un émiettement de lamelles de glace.

14 juin.

Lumière forte, horizontale, divine, qui s'étale. Au loin les rochers blanchissent et bouillonnent. Des nuages montent du nord et au ras des collines en face, et s'ouvrent sur un trou qui stagne au-dessus du port. En arrière, les vallons gris forment un abîme. Soudain l'épanouissement lumineux du ciel devient une lumière réverbérante si forte qu'elle produit un noir dans la rétine. Pendant un moment, rien, aveuglement. Puis les formations deviennent roches molles puis délicates vapeurs en pleine disparition, effilochées, formation d'autres nuages puis les couches s'étagent, bien horizontales et régulières, elles filtrent le soleil et rendent la baie livide : champs, collines, hameaux, habitations isolées, bancs de sable en pente. Une clarté nacrée et mystérieuse baigne les coteaux endormis tandis que les royaumes d'énormes nuages montent sur la droite du champ visuel et deviennent un estuaire. Ce floconnage essaimé creuse un espace de milliers de vapeurs qui s'éteignent dans du pur vide, ou qui s'évanouissent, dispersés dans une béance bleue. La pâleur des eaux est caressée par la clarté du soir qui tombe. L'écume d'une barge qui remonte le chenal lentement, paresseusement, et passe dans la zone sombre. Bouffée de vents tièdes.

Mon ami l'Écrivain achète une botte d'asperges pour la décrire.

Baie calme, nuageuse, d'un bleu écru qui mène vers le soir tandis que les claquements des portières sur le parking du port signalent le départ des derniers visiteurs.

Vers 5 heures du matin le passage des camionnettes réfrigérantes qui viennent chercher des crustacés réveille le quartier. Trafic de homards ? Contrebande d'araignées de mer et de tourteaux ? Embarquement d'un équipage de chalutiers ? Passage de clandestins pour l'Angleterre ?

15 juin.

Ciel bleu, pollen et vapeurs, mer verte, vaguelettes qui traînent et dispersent de l'écume. Le vent souffle de la terre.

Les bateaux et les barques pivotent, tournent et dansotent. Papiers qui volent. Tout est limpide, neuf, net, brutal, haut, clair. Rencontre à une terrasse de café d'un barbu à bonnet de marin qui m'offre un verre de muscadet parce que je lis *La Belle Romaine*.

Il dit : « Y a pas beaucoup de gens qui lisent Moravia aujourd'hui !... »

On parle d'Henri Calet, de Perros, de Xavier Grall, d'Audiberti, d'Hardellet. Je lui conseille de lire *L'Origine* de Thomas Bernhard. Il note le titre et le nom de l'auteur sur un coin de la nappe en papier qu'il déchire et plie dans sa poche.

« Nous ne sommes plus beaucoup à lire ces gens-là », dit-il en réglant son addition…

La pluie tambourine sur la toile du store de la terrasse. Des Hollandais en survêtements, encapuchonnés d'impers transparents froissés, vident goulûment des bols de moules.

Pendant la sieste, les rafales parcourent la toiture.

Un bruit farouche, régulier et quand on sort sur la terrasse, l'affouillement arpégé des fils électriques, des pylônes, le vent qui passe dans les portées musicales. L'Écrivain se fait aider pour plier ses grands draps blancs. Souvenir d'enfance avec ma mère et ma sœur.

Ariane ferme les yeux, la marée passe sur elle, chemisier ouvert. Nous prenons du plaisir à ne pas bouger face aux odeurs de varech et nous écoutons les éclaboussures sèches de la marée montante qui charrie des coquilles Saint-Jacques vides sur les galets. La baie devient, vers 17 heures, un fourmillement bleu violacé vers le nord. La mer herse et ballotte. Les embarcations semblent s'allumer.

Moments tristes, de vide absolu. Alors, rien n'est, rien ne devient, rien. Ballotté sans raison, né sans raison, vieilli sans raison :

venu du hasard sur une terre de hasard. Vie nulle. Port sans vie. Eau trouble. Soir de cendres. Jardins nus. Circonstances floues. Le Rien miroite, la baie du Rien devant moi.

Promenade vers le sentier de la Croix des Veuves. Des essaims de mouches se lèvent sur les serpillières de varech encroûtées de sable. Je descends sur la plage parmi les galets. Des oiseaux de mer s'écartent à peine avec des petits sautillements. L'eau mousseuse s'enfonce et roule les galets avec un bruit de vaisselle cassée. Un grand voilier, genre goélette, rôde au large sur le gris, fend les vagues, approche, vire sur fonds orageux, se délivre, s'incline, remonte au vent, surprenant oiseau fantomatique.

Vers 18 heures, de nouveau les vents en rafales, un brouillard apparaît au large et cache une partie de la baie. L'Écrivain me téléphone deux fois pour ses asperges. J'écoute la radio, j'allume les lampes de la cuisine, tubes au néon, suspensions à l'ancienne, éclairage diffracté vers les portes du buffet ; j'écoute la radio et sa rumeur interminable du chaos des peuples qui se poursuivent, des crimes repoussants, des feux des guerres, un univers qui flotte rompu, désamarré et ponctué de pubs idiotes. Sur la terrasse, les chaises sèchent dans une lumière dure. Le bloc de la maison voisine devient d'un gris puis d'un blanc de craie éblouissant. La muraille de l'escalier tapissé de lierre se décolore et se fane, ses blocs de rocher, ses dalles déformées, aplaties, les nuées qui montent, bancs éphémères de nuages, à peine des vapeurs en train de se dissoudre, le ciel, de nouveau immaculé, bleu épais...

18 h 40. Des nuages surplombent le toit d'ardoises et l'escarpement en lamelles rocheuses couleur rouille... Les gens, minuscules sur le port. Des mouches bourdonnent dans les massifs de pâquerettes. Un déversement de lumière vaste, aiguë, dure, qui m'oblige à remettre mes lunettes.

Dans les nuages, je vois alors des spahis, les falaises d'Étretat, des filles de seize ans qui ôtent leurs robes, une chaîne de montagnes qui s'efface, farandoles de nains qui se déforment en tablée d'ogres... Sentiment d'être dans un puits de lumière et d'incandescence, en pleine création d'un monde solaire, orgiaque, d'une effervescence magnifique ; aveuglé, on sent son corps qui tourbillonne dans un pull léger. Parfois, dans cette baie, la démesure : buissons, séquoias géants, palmes, giroflées, troncs, broussailles, cimes, rouges-gorges, eau verte.

16 juin.

Les pluies battantes et crépitantes noient le paysage, blanchissent les routes et les maisons de pêcheurs et forment des nappes d'eau sur le pare-brise de la Volvo. Puis, soudain, arrêt, la baie surgit de la brume, morne, immense, belle… Paysage terne, trouble, très attirant. De curieuses étendues blêmes.

L'eau étale ses pâleurs comme pour allonger le paysage, le faire vibrer, lui donner sa résonance, et révéler sa mélancolie, sa tristesse, qui sont sa nature profonde pour nous rappeler que, si les nôtres manquent, nous nous effaçons. Et des échanges nuageux. La radio de bord parle de la bande de Gaza. L'Écrivain parle des « fous du Hamas » puis des chaussures de bateau achetées en promo chez Leclerc, « sans les essayer ».

L'après-midi, de nouveau des pluies fortes et crépitantes qui noient tout. Sensation de descendre dans l'abîme : arbres sombres, jetée, dalles, rideaux, plantes enfouies sous l'eau, rambardes trop minces, toits en pentes raides d'ardoises trop bleues. La table de la cuisine et la toile cirée sur laquelle errent des mouches minuscules, minces rubans d'aluminium accrochés aux cerisiers et poiriers pour effrayer les oiseaux qui s'attaquent aux fruits. Je fume un cigarillo tandis que deux hommes, sur le port, sont penchés sur des tas de ferraille qui doivent être des chaluts. Ensuite je m'enfonce dans un fauteuil, je pense aux deux jeunes serveuses du café de Ploubazlanec. La blonde au visage grave avec un chignon serré, maquillage léger et la brune trop poudrée avec un décolleté qui met en évidence le cercle lumineux de ses seins parfaits. Elle aussi a des cheveux bien tirés qui dégagent son cou et mettent en valeur l'ovale un peu lourd de son visage. Et je me dis, c'est une journée de ma vie, une simple journée, elle porte tant de choses et ce n'est pas rien, une journée, dans une vie, dans un endroit pareil. La simplicité si précise de ses gestes pour servir, desservir. L'autre, plus poupine, floue, terne, avec un regard bleu clair qui ressemble à une vague distraction enjouée qui a son charme. Et puis, soudain, l'hiver au cœur, la morsure glacée, les minutes froides. Je vois le chemin où mes enfants, petits, gagnaient une crique en portant des cannes à pêche, des sacs en plastique.

Il m'arrive de m'y avancer comme on marche dans un mauvais rêve au-delà du miroir. Une palissade neuve, une voiture immatriculée en Allemagne, un nouveau transformateur et son ciment frais. Alors bruissent et résonnent les années perdues qui rayonnent dans l'absence et dans ma conscience, avec de beaux nuages enfuis, des rires disparus, des bouderies effacées que je suis le seul à entendre. Tout a disparu, tout est oubli.

Je pénètre dans un chemin forestier touffu crépitant de soleil, de moucherons, d'odeurs vertes, connu de moi seul. Vers 7 heures, dans la maison déserte, je glisse un DVD, *Jeux d'été* d'Ingmar Bergman. Images grises et nettes d'une île, des arbres griffus et nus et le plan de la vieille dame en noir qui passe en grommelant sur un chemin, la Mort. Le crépitement pluvieux s'installe dans la maison. Enfin, la pluie s'interrompt, le ciel devient net, immense, pur, la baie s'éclaire. Temps doux sur la terrasse. Plantes immobiles, bruits d'eau, la mer grise et verte cogne. Parfois une voix en contrebas, fauteuils plastiques basculés ; j'entends qu'on ouvre les vannes d'un vivier et l'eau, dans un ruissellement, se déverse et asperge des rochers puis coule sur une rampe en ciment, jonchée d'algues et d'écailles d'huîtres.

Moineaux dans les glycines.

20 juin.

Reparti vers la baie, vers des villages gris ou blancs, des voiliers, une moiteur rôde sur la route. Le crâne d'une belette écrasée sur la bordure de goudron de la route ressemble à une balle de ping-pong froissée.

Vers le fossé, exaltation des beaux arbres, chênes, hêtres, saules, et deux ormes aux troncs verdis qui se reflètent avec lenteur et les calmes bosses des collines qui descendent vers la mer et les poussières d'îles… Il y a comme une fraîcheur marine sur ce carrefour. Cette route bombée traverse des carrés d'ombres puis longe des champs nus et surélevés. Le calme du grand ciel lavé accompagne le promeneur comme une espérance. Accompagnement paisible.

Ma fille de six ans se penche sur une vaste

étendue d'eau frémissante ; la transparence absorbe, en légères ondulations, les reflets des nuages. Comme un point noir, une embarcation à l'horizon approche et devient un chalutier... Des plages désertes s'éclairent de zones livides, avec bancs de sable. Un hangar contient un tracteur rouillé. Des barges métalliques reposent sur des lits d'écailles d'huîtres écrasées. Un sentier brun profond de sable mouillé serpente sous des noisetiers. Parfois, je passe devant une courette avec une allée de ciment, un tricycle renversé, un peu de linge qui claque au vent, un arrosoir, des pauvres roses trémières fanées, quelques fagots sous un abri de tôle, comme un espace de lassitude et d'endormissement et c'est si muet, avec la noirceur opaque des vitres... C'est si inerte, si léthargique qu'on se demande si on n'est pas au pays des revenants. Sur un appentis, un chat se lèche les pattes ou sort ses griffes en s'étirant.

Tout le quartier, vers 6 heures du soir, après une série d'averses, prend un caractère flottant, irréel, coulé, ondoyant ; le soir tombe, des fenêtres s'éclairent, une camionnette passe, les clartés s'éteignent une à une sur la baie, la petite anse de la zone de carénage attire des oiseaux et plus loin, vers deux chaloupes ventrues, après les annexes bien alignées verticalement, des gamins jouent au ballon. Tout devient songe, apparition qui va s'effacer et puis une lumière d'or, en un instant, rend les saillies et son épaisseur aux murs crépis de frais. Maisonnettes de pêcheurs étroites, avec leur seuil de granit, grises, régulières, et leur jardinet ; elles ne veulent pas se faire remarquer, avec des cortèges de fils électriques, des murets d'enclos paroissial, elles font penser à un vieux cimetière ; des rideaux au crochet garnissent quelques fenêtres et les portes vitrées du rez-de-chaussée. On se sent épié quand on passe sur la route sans jamais voir un visage. On a des envies de se rouler dans un édredon avec une jeune inconnue, dans une de ces chambres basses.

Silence léger. Bruits furtifs dans une haie voisine. Lointains déferlements des vagues de la marée. Lenteur des nuages, beauté suspendue des éclaircies, pluies fugitives, brumes, voiles, halos…

Vers 16 heures, rafales de vent… Ariane étend les draps dans des claquements de toile.

Puis le vent tombe, la chaleur s'épanouit, Ariane disparaît comme par enchantement dans la maison, un magazine de mode à la main... L'heure coule, liquide dans la lumière stable. Plénitude et vide total, apparition et temps moelleux qui absorbe les pensées. Pourrir dans la chaleur de ce paysage, rester dans l'équilibre si étrange du plein milieu de l'après-midi, quand tout se cristallise et se minéralise, devient inerte, en équilibre, morceau de terre. La baie chaude, vivante, mouvante, avec ses étendues de galets mouchetés, ses bassins de ciment qui gardent l'empreinte des planches qui ont servi à les construire. Tout au long de la côte, dans les lamelles bien parallèles, des rochers d'un rougeâtre chocolaté préservent l'instantané du grand sommeil géologique qui est là, pour nous chuchoter que nous, humains, sommes de pauvres erreurs un peu comiques au milieu des surfaces lisses et miroitantes de l'eau lustrale.

Équilibre qui se reforme quand je pénètre dans le salon, ses lourds canapés de cuir qui brillent. Ariane est réfugiée dans l'angle de la pièce, sur la banquette, les jambes repliées, laissant simplement voir ses genoux pâles qui dépassent de sa jupe ; elle tourne les pages du magazine d'un seul doigt. L'exquise broderie bleue d'une de ses veines émet un curieux rayonnement dans le dessin de son décolleté. Les fines perles qui roulent à peine sur sa chair élastique quand elle se penche pour ôter la bride de sa chaussure.

Le bruit sourd des grands arbres nous enveloppe. La baie brille, s'argente et ternit.

L'étreinte forme le rêve d'un corps étranger qui vous exalte, puis le flux bercé de l'obscurité. Profond silence d'un commencement d'orage qui gronde au loin.

Eau salée, lèvres, caresses, grains de beauté, douceur, plis de chair, cuisses blanches dérobées et crissant sous la pellicule moirée et brune des bas, encorbellement des seins dans la broderie froissée. Ensuite, c'est l'escalier, la terrasse et son flot de lumière, l'odeur capillaire d'un autre corps.

Des nuages plus lourds passent et imprègnent les verdures. Coins aveuglants, sans limite ; on passe du jardin réel à l'abstrait des fusains, et la pente douce qui dévale vers la crête des vagues. Blanc, obscurité initiale, retrouvée avec des lumières qui bougent, parfois, entre les plus gros branchages. Puis le ciel se vide, les escarpements rougeâtres apparaissent avec leurs trous de terriers, les racines de chênes forment comme des veines marmoréennes ou bien des excavations argileuses qui s'achèvent en longs semis de galets gris minuscules. Dans la nouvelle lumière plus rasante la baie redevient une vitre glacée. Mon ami qui écrit se prend, au déjeuner, pour Chateaubriand et devient lyrique pour décrire la prise de la Bastille. Il vide la bouteille de rosé de Provence à une vitesse prodigieuse. Puis il murmure des choses incompréhensibles et techniques sur la coque si solide de son nouveau voilier et son pilote automatique…

Au-delà de la terrasse, les roches redeviennent mornes, éteintes, sombres, et forment d'inquiétantes découpures. L'air souffle. L'Écrivain rentre chez lui. Il y a des apothéoses de nuages qui montent en champignons atomiques. La route vers la lande devient métallique ; enfin une ouverture de lumière entre les nuages traîne sur la baie et découvre un chenal fascinant vert épais cul-de-bouteille. Le sable jaune terreux rajeunit, perdu vers les vieux bassins de ciments à l'abandon avec des tuyauteries rouillées, des pieux ressurgis de tempêtes anciennes.

Les délabrements côtiers et les grondements océaniques de la Bretagne Nord sont particulièrement magnifiques en plein hiver… C'est alors une Bretagne grise, sinistre, orageuse, plate, austère cachée, ténébreuse, ignorée. C'est une côte de larges trous au sable terne entre des murets. De là on voit les ondées, des couples d'amants en fuite qui errent sur une côte sauvage pleine de misères rocheuses, de villages trop blancs, et puis au bout d'une jetée pierreuse, des bas-fonds et des rochers, des plaques de vase et des barques inclinées qui prennent l'eau de pluie. Lumières intermittentes d'aube en plein après-midi, avec des parfums purs de haute mer. Et parfois, au détour d'une route, on découvre l'orageux essor de rouleaux d'un vert si cru qu'ils boivent les passages et les fissures rocheuses. Les pins se dressent tout au long des avancées rocheuses sinistres. Ils évoluent comme des voiles. Des nuées grises envahissent le ciel et évoluent au large. Elles atteignent la côte, puis les roches. Puis le port là-bas, son embarcadère, la pente de sable et le gouffre, avec au fond des pâleurs dans l'eau, des angles de granit, des clartés qui rôdent sur les pierres.

La zone de carénage. Un vent nous secoue, nous réveille, nous frotte le visage, les pluies rôdent au loin sur la mer ; les vagues apportent des fleurs blanches et des maillages d'écume. Les ondes invisibles balaient l'endroit qui ressemble à une gravure délabrée sous un ciel noir. Des nuées obscurcissent la rambarde du balcon.

Les feuillages épais se froissent, se tordent, se rincent, et s'animent comme une masse vivante, une chevelure folle.

Puis les cordes à linge se mettent à vibrer, le linge claque. Ariane range les chaises de jardin. Des femmes sur la presqu'île se précipitent dans les jardinets pour plier les draps blancs… Je reste avec mon verre de rosé de Provence dans lequel il tombe de grosses gouttes qui cloquent. J'aspire la combustion du vent. La pluie ruisselle et vivifie les routes du coin, les toits et le parking du port sous une lumière d'éclipse.

Ça arrache les yeux de surprendre partout cette beauté de granit dessinée sur une plaine sombre. La journée disparaît, et on se demande ce qu'on a bien pu en faire de cette putain de journée : on a observé la pente obscure de l'eau dans ses courants et ses remous et le remuement des nuages sur des îles. La Vierge Marie apparaît rose couleur chair dans une niche, à un carrefour. On a abandonné une trieuse d'huîtres rouillée près d'un container sur la jetée du port…

Ce silence qui plane soudain entre deux rafales. Et quand je frappe à la porte de la maisonnette de l'Écrivain, il m'ouvre et je découvre qu'il a allumé les vieilles lampes aux abat-jour parcheminés qui forment de vieux cercles jaunâtres dans une ambiance de cave satanique. Il met en veille son ordinateur, prépare du petit bois pour un feu dans la cheminée. L'allumette craque et des papiers journaux se replient bleus sous les premières flammes. Il travaille la nuit et se couche à l'aube, cloué à son sujet, dans une histoire à laquelle il ne peut tout à fait croire. Je le connais, il travaillera des heures, avec du café, et bien, et même très bien. Ses textes sont profonds comme des rêves qui émergent d'un sommeil hépatique.

17 juin.

Flaque de lumière sur la baie. La poussée lente de la marée soulève la flottille des barques. Envie de voir marcher des apôtres sur les eaux. Voir quelque chose d'invisible.

Les lentes ondulations nuageuses de la marée qui monte et pose des ombres sur l'eau dans un léger clapot.

La cuve d'algues brunes et rouges, entre les rochers, forme une bruyère asséchée, une lande qui devient rivière marine ; des vagues de pâleurs enflent et se portent plus loin, et leurs clartés frôlent les barques, abîmées, écaillées, goudronneuses, couchées sur le mélange de sable, vase, galets, algues.

Sur le parking du port, des poches d'huîtres, au treillage plein de vase sèche, sont empilées sur des tiges de fer. Elles forment des sculptures rongées.

Des mouches se promènent sur les feuilles froissées du journal, le long des bras du fauteuil, sur mes pieds nus, sur les verres et la bouteille.

La baie : une étendue tranquille avec quelques obscurités. Ce qui dort du passé, de l'avenir, sous cette nappe d'eau. Les reflets circulent. Paupières closes, passions emmurées et jamais dites, chaque été ; divinations macabres gardées pour soi et vision édénique de moutons de Panurge qui inlassablement sautent dans la mer ; ils se précipitent dans les vagues avec joie ; ce sont des illusions perdues qui nous quittent et nous allègent. J'entends, à la même heure, chaque soir, des voix d'amis qui parlent derrière le portail avant de tirer la sonnette et je pense à Swann.

Maintenant, d'autres mouches. Petites, grises, vives, harcelantes sortant des massifs de pâquerettes qui bordent la terrasse. Elles tracent de curieux itinéraires sur la tasse de café et la corbeille à pain, ou s'attardent sur les traces caramélisées. Ce qui s'éclaire alors sur la baie, ce lait, cette blancheur qui creuse le ciel, s'étend sur les dalles, cette léthargie aveuglante qu'apporte la marée montante par ondes larges et qui charrie en elle une vibration dure. Je marche dans les rochers et découvre des résidus d'eau jaune dans des creux doux et lisses de pierre usée ou dans les lamelles inclinées de certaines roches couleur de fer... Je marche dans cette éruption de lumière d'où jamais ne surgira aucune Histoire, qui ne contiendra jamais aucune des obscénités de ceux qui inventent des Histoires aujourd'hui pour une pénible distraction alors que la mer, ici, vient et démolit, éclaire et fracasse, et dispense l'oubli et nous immerge dans un espace énorme, ailé, avec, parfois, un souffle de vent soudain et joyeux. Les bois noirs sur la rive en face, luisent et la baie devient un clair étang. L'eau, dans son immense glissade de marée, ravive les peintures des coques des chalutiers et creuse, le soir, la hanche terreuse, emberlificotée de racines, de ce morceau de côte qui s'éboule en pleine nuit. Comme tout est blanc. Ces remuements de lumière font disparaître un instant maisons, routes, hameaux, champs, ou bien éclairent des points de la rive les uns après les autres.

À la fin du dîner, quand les balises s'éclairent, quand on apporte les assiettes de fraises au sucre et que les briquets s'allument les uns après les autres, l'étendue miroitante de la baie s'épaissit, devient un ravin obscur. Plus de vent, on entend la lente couche des eaux envahir la jetée. Impression complexe de nuit évidée et vaste qui noie tout. Parfois la lueur d'une vague. Un chalutier ressemble à une épave délabrée. Nous sommes suspendus, de simples points rouges de nos cigares, ignorants les uns des autres, déjà fantômes. On entend un vague grondement orageux qui parcourt la baie, puis dans la chaleur, quelques énormes gouttes d'eau s'écrasent sur le ciment de la terrasse. Une mince cascade ruisselle. Des circulations mystérieuses sur une plaque de granit.

Je descends vers la jetée par l'étroit escalier feuillu. Des morceaux de liège rongés avec du lierre en épaisse nappe.

L'eau s'approche des pieds et glisse en ondulation le long de la pente de ciment et se brise et coule comme du plomb dans l'obscurité. Simple éruption d'un pays noir où errent des nuages qui naissent, s'égarent et stagnent. Une voiture sur le parking allume ses feux rouges.

Sous un lampadaire brumeux, un jeune homme, en long pantalon kaki et chemise froissée, assis sur une annexe, en surplomb des vagues, observe les sillons d'écume, frissons de la mer, et semble s'engloutir dans les infinies déformations des taches d'écume. Visiblement, cette silhouette sombre est attirée par les molles pourritures gélatineuses que soulèvent les vagues. Un fond violacé apparaît entre deux rouleaux.

Je me rends jusqu'à la cabane cimentée, sa porte craquelée de planches vertes et le feuillage proche du pin, avec le tas de rondins, des morceaux d'écorce et des éclats de bois qui dégagent une odeur de champignon moisi, et là, assis sur la cuvette des w.-c., je contemple le petit peuple secret, pâle, des araignées, dans ses voiles.

Elles se fatiguent à tisser, et se démènent dans leur toile après des heures entières d'immobilité. Les moellons chaulés, le carrelage couleur caramel sous les sandales, cette alcôve à l'abri des rafales, où tout devient subtil, où luisent quelques fils de la vierge sous la pauvre lueur faiblarde d'une vieille ampoule toute ronde et gonflée qui fait penser à l'après-guerre. Le lavabo et son bout de savon séché, translucide, vaguement confit… Abri calme : les bruits du dehors arrivent atténués. Attendre l'aube ici.

19 juin.

Matin froid. Vent aigre. Rafales. Les bateaux dansotent sur des vagues courtes qui cognent dures vers la jetée et forment des points d'écume qui surgissent le long des blocs de roches. Ça devient un monde glacé. Des grondements et des rafales balaient ce promontoire désert. On ne voit aucun habitant, aucun mouvement, une espèce de frémissement sous la longue traîne orageuse obscurcit le milieu du ciel ; un coup de pinceau noir dans l'étrange bleu pâle sans mélange de la lumière transparente. Je m'allonge et renverse la tête et suis dans la chute du plein ciel qui devient d'un indigo clair une demi-heure plus tard... Une grève de calme, quelque chose d'insondable où il fait bon errer. La mer, lourde, d'un suave mauve sombre chuinte dans les rochers puis s'apaise. Je suis pris entre l'eau, la terre, le ciel, écrasé comme un pou entre deux lames de verre, dirait Brecht. Sur la table de jardin, le journal abandonné à la tristesse de ses nouvelles. Les feuilles parfois se soulèvent comme si un rat passait dessous. L'extase toute simple du beau milieu de la matinée dans cet espace de rizière si vaste que rien ne peut l'emplir : immense cuvette de pierres, de pieux, de roseaux, de lichens, de pins rongés, de brumes, rien n'est plus commun, connu, connaissable. Extase de soleil pâle. À midi, Ariane et moi partons déjeuner au restaurant *L'Islandais*. Nous sommes installés sur la terrasse, entre deux couples figés qui mâchonnent leurs moules, l'air maussade. Ariane s'est maquillée avec grand soin ; elle plisse son nez en déchiffrant le menu, déplace légèrement sa chaise et croise les jambes. Je sais qu'elle se sent bien maquillée ce matin, pull avec décolleté en V qui met ses seins lourds en valeur. À examiner cette femme pâle dans le vent, en pleine lumière, qui devinerait que se superposent dans la mémoire les jeux de la nuit. Elle choisit une salade niçoise et je vois une autre femme qui se penche dans la pénombre de la chambre, libère un rideau de cheveux sur ses cuisses et ses genoux pour suivre et entretenir du bout des doigts les sensations d'une chair qui tressaille. Corps, jeu de patience, convoitise, brûlure, lenteur, grain confit du sein, flancs qui s'élargissent, ondée sur la mer, taches d'humidité, profond sommeil d'une beauté tournée vers le mur et oscillant à l'abandon, pleine mer, extase, comédie des mains gantées, milliards de coraux du plaisir, tonnes de semences, pleins nuages, frissons, noisetiers sous l'oreille, mots obscènes confus, endroit de pure tristesse qui éclate, virginale et printanière. Enfin un couple traverse des villes entières dans la gaieté calme et naturelle des cuisses ouvertes, corps extatique, bouée blanche du bras. Les lames viennent du large dans le silence nocturne et nous oublient. Lits jumeaux dans les stries de l'aurore, point perdu du regard. Corps étendus.

Ariane demande :

— Et quelle garniture avec l'escalope ?

— Spaghetti ou haricots verts, répond le serveur.

Le goût de rosier écorché des aréoles mordues me revient. Pentes neigeuses. Ce qui se boit entre nous dans l'intimité d'une cuisine à l'abandon, ce qu'on fabrique au milieu d'un long couloir pris dans le rectangle jaune du soleil matinal, apothéose vorace sur la terrasse qui nous baigne de ses vents frais, ravissants petits fouillis de la toison.

J'y songe là, au milieu de cette terrasse ordinaire face au port, avec des détritus dans le caniveau, des clebs qui fouinent vers les poubelles, seaux à glace dans lequel flottent des écailles translucides. Touristes en short effrangé et k-way saisis dans la torpeur de leur maussaderie.

Je suis hanté par le visage ardent d'Ariane, au milieu de ces gens revêches, qui semblent avoir fait de la mauvaise humeur perpétuelle leur philosophie. Ils ne savent rien de la femme assise en face de moi. Les femmes sont folles. Le grand spasme antique, Médée, Circé, Nausicaa, Ariane, toutes les *raisons* disparues.

Ariane hésite entre la salade niçoise et l'escalope bolognaise et me demande si j'ai fait mon choix. En commandant une carafe de vin blanc, je vois les seins d'Ariane bousculer les verres à pied, et s'offrir palpitants et me chatouiller le nez… Comme si elle devinait mes pensées elle me raconte une rencontre à Rome, vers le Trastevere, au fond d'un couloir. Un homme en pleine jouissance.

— Et qu'est-ce que tu as fait ? Tu as eu peur ?

— Peur ? Non, je lui ai demandé si je pouvais l'aider. Le type s'est interrompu et c'est moi qui ai achevé de le soulager. Puis une autre jeune femme est entrée dans le couloir qui menait aux toilettes. Elle a demandé à l'homme qui refermait son pantalon : « Vous pouvez recommencer ? Ça ne me gêne pas, au contraire. »

Revenus devant la baie, abrités du vent par la maison, entre l'arrosoir, le banc, les hortensias bleus, l'alignement de pots, de plantes sèches, se glisse le silence si lourd, trouble, épais, du début d'après-midi morose, tranquille.

Un cortège de nuages apparaît. La baie grandit et rayonne, des vols de martinets au ras de la route. La flotte des voiliers, barges, canots, annexes, saisis dans la balance des eaux et des clartés. Les mouches harcèlent et se posent sans cesse sur les cheveux, sur les tables et leurs verres puis trottinent en folie.

Les chemins d'eau et de vase de la baie se

plombent, le plafond des nuages s'abaisse, le sentiment divin de l'avancée du Temps. Et ces endroits qui brillent dans la baie. Des pâleurs sur la grande étendue des nuages plats étirés. C'est une lumière de plaine qui se transforme en panaches neigeux et monte vers le large.

23 juin.

Sur le cadran de ma montre, il est 14 h 47. Le ciel gris uni, sans noirceur, sans rayons diffractés, sans flamboiement, mais une simple couche de clarté bien unie ; vers la sortie de la baie, des nappes viennent, passent et s'éloignent et doivent apporter, à nous passagers de la terre, calme et sérénité. Les mouvements lents de remous baignent les marches de granit.

Dans la cuisine, une vieille bouilloire, la table nue et des miettes de pain. Des chambres vides avec des draps propres dans les armoires. Le soleil sur le ciment de la terrasse, avec le vagabondage de l'absence qui occupe l'esprit.

La baie devient souvent une béance avec dislocation de souffles, de vapeurs, une plaine de nuages. Quand la mer se retire, elle se transforme en une immense bouse sèche qui renaît du chaos ; parfois on reste tête levée devant ce lac désert que gouverne le silence ; flux et reflux de puissances silencieuses, beauté des courants invisibles qui effectuent un immense nettoyage en pleine matinée. Ça finit le soir, en dérives, en tas informes qui font luire les galets après l'averse comme si se formait et s'épaississait une suspension de tout un sommeil ; fermentation de la baie, désert d'eau d'où émergent quelques rochers tranchants. Un voilier passe et s'incline dans le couchant. Alors nous frôle une image romantique de goélette sur laquelle ont glissé les pluies de la haute mer. Ensuite l'eau plane, quelques tourbillons d'oiseaux et il ne reste qu'une diffuse lumière automnale, elle annonce la nuit… Soudain la mer roule d'un vert bouteille. Puis des petits flocons nuageux essaimés restent suspendus sur la rive forestière en face, là où jamais on ne voit un mouvement, dans cette crevasse d'ombre épaisse, sombre, qui finit, courte, par tomber dans des crevasses et qui s'achève par un banc de sable immaculé.

Une heure plus tard. Quelques étincelles dans la baie. De lancinantes vagues tapent, cognent, mordent, harcèlent, couvrent, éclaboussent, rongent les coques des chalutiers et leurs plaques d'aluminium ou leurs peintures écorchées d'un bleu azur. L'après-midi gris et son troupeau de nuages sont emportés. Quelques rafales, un peu de ressac.

Le lendemain, au lever du jour, les odeurs salées montent du banc de vase. De l'eau ruisselle entre des blocs de pierres, quelques pages de journaux flottent à fleur d'eau.

Rambarde mouillée, vaste lumière, escaliers humides, eau enfouie dans les creux des roches, vieilles ferrailles, ciel vide, aboiements de chiens : c'est la paix mystérieuse de la matinée, la trêve de 10 heures. Ciment du trottoir, gravier rose en longues traînées vers le parking. Coquilles d'huîtres et leur intérieur nacré. Brume qui flotte sur la rive d'en face… Grondement régulier d'un moteur qui s'éloigne, lignes si belles du rivage, de la mer. Les poumons s'emplissent, le bassin à ciel ouvert crachouille une eau trouble.

Des bouffées d'odeurs de saumure montent vers la terrasse.

Longues murailles de lierre et de touffes

d'herbes familières avec leurs tendres fissures et leurs insectes écrasés dans les sédiments sableux, carcasses de crabes disloqués, traînées de bulles qui tournoient à peine, et tous ces visages emprisonnés derrière les vitres de leur voiture, derrière les clôtures du jardin, derrière les murets, les portes de garages, les boîtes aux lettres, les portillons, les palissades, les nouvelles clôtures en fil de fer étincelant, les courettes pavées avec du linge, des sous-vêtements à dentelle rose ou noire suspendus. Et cependant suave tranquillité, molles heures endormies, torpeur des escaliers encaissés, volupté de marcher d'un pas souple et de suivre le sentier de la Croix des Veuves. Gouttes d'eau qui tombent des noisetiers et des sureaux, et l'air frais au-dessus de soi comme une promesse, une lancinante espérance sur tout ce que nous offre la terre le matin… Je regarde le long mur blanc, long, intact, vibrant, rompu, qui rejoint le parking du port. Il sépare deux maisons austères et grises… La matinée plane sur l'eau si lisse. La baie stagne, incandescence, soleil par plaques. Tout devient milliers de détails, rouille écorchée d'une tôle de la zone de carénage.

Au *Café de la Cambuse*, des marins restent engourdis devant un verre de vin blanc. Ils sont là tous alignés le long du comptoir à regarder les hanches de la serveuse qui va et vient entre le percolateur et un bébé installé sur la table de la cuisine. Les uns ont une oreille mutilée, d'autres un nez en patate, d'autres toussent régulièrement. Ils sont fermés, isolés, solitaires, crépusculaires ; parfois ils grognent quelque chose dans une langue pâteuse, puis se rétractent dans leurs songes. Derrière la porte vitrée, la serveuse parle et lange un bébé qui gazouille, elle le papouille, le retourne ; il ressemble à un rôti de veau affublé d'une grenouillère.

Retour vers la terrasse. Douceur et balance souple de la baie comme un mirage, un songe de voiles…

Plus tard, ça sent le lichen, l'iode, la vieille corde décomposée, la barque goudronneuse qui se désagrège dans un marigot d'eau trouble dans lequel se dilatent des formations gélatineuses. Crustacés désagrégés, pattes de crabe, calcaires roses, coquilles incrustées de mousse enfouies dans le sable. La pâleur molle de la marée, avec sa présence multiple, son bercement mouillé qui chuinte sous le balcon.

Vers 17 heures c'est encore plus gris, bas, un temps mou, lourd, avec des mouches. Je prends un sentier qui longe la mer. Ici, à la tombée de la nuit, d'énormes crapauds sautent le long de murs démantelés. Le sentier monte puis descend vers la presqu'île rocheuse qui, la nuit, ressemble à une ville en ruines déchiquetée par d'énormes vagues trop vertes. C'est dans ce chemin à papillons, à mûriers et à bourrasques de lumière que, pendant de nombreux étés, les enfants ont grandi et joué, se sont couru après, amusés à caresser deux ânes.

Tout a disparu. Plus loin, la côte s'étale plus sauvage. Il y a des falaises, des éboulements, des crevasses, des buissons pleins de moineaux, des abeilles. Un chien au poil humide, les yeux jaunes, vient vous flairer les chevilles. Il disparaît, queue frétillante, vers un escalier de rondins, couvert d'aiguilles de pins. On atteint une tour en ruines, puis une chapelle bien close dans son lierre, avec un puits devant. On marche sur des mousses drues, on croise un tas de poutres carbonisées ; un groupe d'arbres au clair feuillage, des troncs blanchis, un acacia. Une pente de terre battue mène vers des roches parallèles et coupantes. Enfin, on pénètre dans le merveilleux chaos d'énormes blocs de rochers. Là on peut se réfugier, s'abriter du vent, lire, fumer, s'étendre, rêvasser, dérouler une serviette, suivre la marche d'une fourmi le long de sa jambe tout en ayant le scintillement de la mer dans son champ visuel... Espace clair, transparent, organique, minéral, où l'on peut surprendre une tête rougie, d'amples cheveux blonds, un ventre plat, des jambes repliées, deux longs corps congelés dans une étreinte, des fesses nues et rebondies, une paire de lunettes de soleil, ou bien, plus loin vers les bancs de sable, une vieille qui ratisse et écorche quelque chose avec un crochet de fer.

On entend des piaillements d'oiseaux de mer, des ronflements de barge dans la passe.

Assis dans un champ en pente douce, on est pris d'une ivresse de lumière qui dilate et d'une tristesse implicite qui rôde. Le vent efface des lignes d'herbe et crée une palpitation argentée. Sur une minuscule plage enclavée dans les rochers, il y a souvent des bandes de jeunes garçons rouquins aux cuisses robustes avec des jeans sales et de gros ceinturons, et des filles à la peau rougie avec des gros seins amples qui roulent sur les nattes.

Tout ce monde se taquine, se chatouille, se vole une sandale, un débardeur, se flanque des claques. Les garçons aiment caler leur nuque sur la toison des filles ou loger leurs épaules dans la fourche des jambes. Ils oscillent tous entre nervosité et ennui, surexcitation sexuelle et frime blagueuse. Une fille parfois, se dégage de l'étreinte d'un garçon, bondit et se met à courir en serrant ses vêtements contre elle. Chacun se rhabille isolément.

De retour à la maison, sur le buffet de la cuisine, je dépose un modeste bouquet de pâquerettes dans une carafe Ricard. Tout ça prépare un soir apaisé : boire du rosé de Provence, laisser la fumée de son cigare dessiner des ronds bleus, écouter les bruits du soir s'éteindre tandis qu'en naissent d'autres plus obscures et fugitifs.

Les mouettes battent des ailes et s'assemblent sur un rocher, elles se lavent dans le baquet de la marée montante.

Au milieu de la nuit, je descends l'escalier aux vieilles dalles incurvées, parmi les odeurs de troènes, tenant la rampe de fer, et j'entends un raclement de chaîne. Je vais alors m'asseoir plus loin, sous un lampadaire et sa lumière jaune brumeuse et j'écoute un filet d'eau qui ruisselle.

Sur la table laissée à l'abandon hier soir, le dur reflet des verres en Pyrex.

La lune apparaît. Elle est polaire, d'un blanc livide avec quelques flocons plus sombres en son milieu et elle rayonne sur les rochers et le port.

24 juin.

Pluie fine, froide, tenace, serrée, pénétrante ; elle plonge la baie dans un brouillard, étend les espaces miroitants entre les voiliers. Les promeneurs deviennent des taches jaunes, errantes sur les bords rocailleux et gluants. En sondant ce brouillard, je me suis demandé où étaient passés mes amis de 68 dont *Libé* me parle chaque matin... Certains sont enfouis et cachés dans l'honorabilité bourgeoise. L'un est passé de la Gauche prolétarienne à d'admirables romans à odeurs fortes, à embruns, qui se passent dans des ports qui scintillent vers la corne de l'Afrique, dans les ports ensablés. D'autres sont devenus psy ou professeurs. D'autres, rien, ils arrosent leur jardin et achètent ou vendent des lots de torchons sur le marché, un peu comme moi. L'un qui voulait faire des films « à la Bergman » est parti avec la caisse d'une boîte de production et a vécu deux ans en Thaïlande. On a perdu sa trace en Inde.

Un autre a écrit des polars super-révolutionnaires. Il y avait beaucoup de caches d'armes, de réseaux, des chants espagnols républicains, des nuits où le feu dévorait des usines. On ouvrait les boîtes de nuit à coups de grenades. Chez lui, les étagères sont garnies de piles de revues anarchistes ou d'affichettes soviétiques, comme chez d'autres, il y a des petites cuillères rapportées des Sables-d'Olonne et des poupées alsaciennes. Des rectangles de papier dentelé les montrent : lui en blouson et foulard antilacrymo sur le nez, mèche en bataille, elle, bouche cerise, frange à la Louise Brooks, minijupe et longs cheveux, sandalettes, jolies jambes fines. Puis il y a des photos d'eux dans une fermette à colombages, un verger. Des enfants jouent sur le capot d'une Lancia. Des pommes tombent dans l'herbe. Puis plus rien. La maison avec ces volets fermés, et des herbes folles devant le portail. Le panneau À VENDRE. La génération disparaît dans le froissement métallique de l'obturateur.

Un autre ami a écrit une œuvre lyrique somptueuse mais elle fut si peu lue qu'il a cessé d'écrire. Il s'est acheté une superbe maison isolée dans une forêt. Il collectionne des clous ramassés sur la plage.

Et celle qu'on appelait Albina, étudiante en socio aux cheveux roux crissant. Elle avait commencé dans le journalisme féministe ultra-militant. Il y a dix ans, je suis tombé sur elle par hasard. Elle tenait l'hôtel de ses parents à l'entrée d'Houlgate…

Elle collectionne des modèles de lavabos et des robinetteries années 20, des parasols en bambou 1900.

— J'ai lu tes romans.

— Ah ? Je ne savais pas.

— Oui, tous tes romans.

— Le dernier ?

— Même le dernier.

Elle se ravise :

— Non, le dernier, je ne sais pas. Tes livres se vendent bien ?

— Les derniers ?

— Oui, les plus récents.
— Je ne sais pas.
— Pourquoi ?
— Je ne demande plus à mon éditeur…
— Pourquoi ?
— Je ne sais pas.
— Tu sais, mon hôtel est fermé l'hiver. L'hiver, j'ai des coups de cafard.
— Ah.
Il y eut un silence entre nous.
— Je préférais tes premiers livres.
— Pourquoi ?
— Ils avaient plus de sensibilité, plus de promesses.
— Si nous prenions un verre sur la terrasse ?
Nous bûmes un chardonnay.
— Cet hôtel n'attire plus grand monde.

Maintenant tombe un rai de soleil oblique ; il éclaire les toits voisins. Moineaux joueurs dans une gouttière.

Un calvaire au loin se découpe blanc sous un ciel noir. Le reste de la baie est un suaire tranquille. Dans la passe, des éclats et des étincelles, signaux d'autres temps, d'autres lieux, grand ciel traversé par ces rayons, des ombres glissent et poursuivent vers les campagnes avoisinantes.

Je sors un fauteuil en rotin en voyant cette lumière.

Et puis, après avoir croisé et décroisé les jambes dix fois, je prends la Volvo. La côte est une vague qui grossit dans le rétroviseur.

Jetée de boue jaune, plateaux de nacre. Longues campagnes vertes, champs nus, terrains en friche harassés de pluies récentes, vallées sillonnées de routes noires humides, villages gris granitiques, ardoises bleues, murs suintants, enclos avec un grand chêne, masure au toit affaissé, excès de lumière et de beauté quand la Volvo s'arrête devant le sable. L'estuaire, l'eau calme aux reflets gras enveloppe des rochers. Traînées de jaune safran le long de la rive déserte.

Touffes de pins japonais.

Ça souffle subitement. Bancs de nuages qui courent, gouttes de cristal qui naissent sur le pare-brise, fleurs d'eau qui s'accumulent en traits parallèles, ruisseaux aux circulations fantasques. Obscure décomposition de la lumière dans un feuillage épais.

Le plasma du monde, pensai-je. Le plasma du monde.

Air clair puis brouillard le long d'un bois de hêtres. La route droite longe des maisons et une minoterie qui baignent dans la vase. Perspective d'un canal sans écluses. J'atteins un bras de mer qui ressemble à un fleuve d'Afrique. En sortant de la voiture, impression d'être suspendu puis enlevé dans l'air. Les rafales de vent vous poussent dans le dos. Ça devient clair, vaste, pris dans la poussée lumineuse, on devient un parachutiste débutant emporté, traîné avec son harnais, ses suspentes, ses courroies tout au long d'une immense plage déserte.

25 juin.

La baie, à sec, est un champ velouté de bruns et de verts. Des ruisseaux d'eau claire qui s'éparpillent et bruissent. J'écoute le vent, des ombres passent sur des champs de mousses fraîches, tant de beauté, de lumière et le sentiment que cette baie durera si longtemps que c'est rassurant comme si je profitais un peu de ce temps infini et courbe en la contemplant.

Je me souviens de la conversation animée d'hier soir avec l'Écrivain. Il aime toujours Chateaubriand, je préfère toujours Stendhal.

Henri Beyle, assis un matin d'octobre 1832, sur le mont Janicule, enfonçant le bout de sa canne dans le sable, pour dessiner les initiales de ses femmes aimées. C'est le début de *La Vie d'Henry Brulard*.

Il résume tout en disant : « Qu'ai-je donc été ? Je ne le saurai. » Puis : « À quel ami ai-je jamais dit un mot de mes chagrins d'amour ? »

Insensiblement la marée revient. Je sors sur la petite route bombée et en pente. Des enfants qui jouent au ballon, un brusque passage d'oiseaux de mer, des bateaux posés à terre sur de lourdes pierres blanches, de vieilles bâtisses et des filets de nylon aux boucles brillantes entassés dans des sacs de fibre jaune synthétique. Et puis, là-bas, des collines brumeuses, des haies d'un vert Véronèse, tout ça me rassure. Mais la question reste comme une épine, pourquoi un ami de si longue date ne comprend-il pas la radieuse originalité de *La Vie d'Henry Brulard*, de cette autobiographie qui commence par la fin ? Je vois une longue et étroite femme passer en paréo rouge vif et je pense, tiens, une élégante indigène !

Je reviens sur la terrasse. La familiarité de la table ronde bleu marine, des transats, des chaises pliantes, des cendriers pleins, et j'entends le voisin qui grommelle tout seul, de l'autre coté de la terrasse. Il manipule une grosse canne comme un bâton, il se démène au milieu de voiles épaisses, de filins, un dessus-de-lit étalé sur des chaises longues, avec des voiles qui ondulent et claquent en plein vent. Il fait de grands gestes frénétiques à la Céline, insulte le ciel, puis disparaît soudain, comme s'il avait découvert que je l'épiais à travers le lierre…

L'air si frais du matin. Je descends vers l'eau stagnante qui brille. Les organismes qui troublent les flaques et forment des monstres infinitésimaux. Oui, ce matin exaucé de beauté sur la plaine visqueuse, opaline qui sans cesse nous longe, nous côtoie, nous apaise, nous laisse dans l'écoute, la nuit, au milieu de l'insomnie. La mer qui croît et décroît, monte avec une odeur âcre et puis se retire en ayant creusé les alluvions et laissé un jardin qui étincelle un instant.

L'escarpement rocheux grisâtre forme une barrière sur la gauche, un refuge pour les troncs d'arbres, des galets roses bien polis, des détritus de cageots, des morceaux de faïence, des coquilles, les éclats de bois d'une rame. Les vagues reviennent, roulent et bousculent tout ça.

Je finis mon café, l'isolement de la baie, les récifs goudronneux qui se recouvrent avec douceur d'une eau tranquille, les bateaux tirés sur la bande de galets, l'herbe drue, les sautes de vent, les vieux rosiers grimpants, la montre à mon poignet, le lent retour de marée qui oblige à suivre la guipure noire des algues. C'est un peu comme si toutes ces choses portaient la jeunesse et l'azur de la joie immédiate.

La Croix des Veuves blanchit sous un ciel d'orage, le chemin qui y mène est bordé de noisetiers et de mûriers bourdonnant d'insectes.

26 juin.

Ce matin journée claire sur la baie. Tout est mouvement, étincelles, ondes, reflets, robes d'été. Vers 11 heures longues vagues, plaine d'eau que balaie parfois un vent frais. Lames qui tournent au bleu profond.

— Tu as froid ?

— Non, et toi ?

— Non. Mais je mets un pull.

— Tu as joué les disparus cette nuit ?

— Je n'arrivais pas à dormir.

— Tu es allé où ?

— Sur le port.

J'y suis descendu vers 4 heures du matin. L'eau épaisse tournoyait et glissait. De lentes ombres se brisaient sur des blocs de ciment vaguement éclairés. La baie dans sa vie obscure, lente, trouble, comme un faux sommeil, avec des bêtes de granit tapies sous les remous, avec des lignes de rochers qui affleurent et forment comme des repères ténébreux. Les feux verts et rouges clignotent. Un espace d'eau lisse, comme une dalle morte, un étang, des vaisseaux fantômes qui glissent devant les villas.

L'impression d'être happé par ce vide, de subir un lent ensevelissement mystérieux, d'être roulé dans la fatalité crépusculaire d'un chaos et dans la ténébreuse et sombre germination d'un âge géologique sans début ni fin, sans explication et sans aucun sens. Des présages nous assaillent, penses-tu avant le lever du jour. Dans l'obscurité, la presqu'île ressemble à un dortoir encore plein de dormeurs qui tressaillent d'anxiété. Cependant, dès qu'apparaîtront les pointes des rochers abrupts de l'île à bois, dès qu'apparaîtront les premières lignes roses sur l'horizon, tes mauvais présages et tes anxiétés se dissiperont et tu regarderas une frêle embarcation à moteur partir vers le large, comme une promesse.

Guettant le point du jour, je suis remonté vers la terrasse par l'escalier des pilotes. J'ai déplié une chaise longue. Je me suis allongé et j'ai fermé les yeux, essayant de me souvenir d'une phrase d'une version latine qui signifiait quelque chose comme : « C'est ainsi qu'une existence trop longue ruine les grandes âmes… » Puis, quand les premières pâleurs rôdent sur l'eau, le souvenir d'une matinée romaine ressurgit. J'avais quitté le magasin de chaussures en entendant l'horrible fracas d'acier, puis le silence total sur le quartier. Tu t'étais retrouvé dans la lumière crue de la via Morosini. Dans la lumière dure d'un carrefour, à midi, un groupe de passants cachait l'avant d'un tramway immobile. On voyait une large étendue d'huile se répandre sur la chaussée. Les chromes d'un scooter brillaient contre une roue du tramway. Un homme en tenue de jogging écarta la foule de curieux avec des gestes très décidés, comme s'il était un flic en civil. Deux Alfa de la police arrivèrent sirènes hurlantes, puis une ambulance et une voiture grise avec un gyrophare bleu. C'était alors le chant douloureux du silence, la police écartant les curieux. Des gens au visage blanc reculaient, ayant visiblement honte d'avoir vu ça, et d'être là avec un filet à provisions rempli de légumes frais enfoncés dans le mystère de la mort d'un être qu'on ne connaît pas. On chuchotait dans la foule plus éloignée, sur le bord du trottoir, tandis que des infirmiers étalaient du papier d'alu sur le corps. La flaque sombre du sang s'étendait sur le goudron ; il s'exhalait, ce matin-là, une douceur ineffable sur Rome. Je me pris à regarder ce ciel d'un bleu si pâle avec quelques vapeurs fondantes de nuages... Les trams continuaient à passer dans un bruit de ferraille dans l'autre sens, tandis que celui qui avait été stoppé par l'accident restait à l'abandon avec ses banquettes vides et ses vitres bien propres qui le faisaient ressembler à un aquarium sans eau... Le corps fut emporté sur une civière par deux autres infirmiers qui eurent du mal à écarter l'une des portes arrière de l'ambulance. Les Alfa de la police étaient disposées en angle devant le tramway. Leurs gyrophares tournaient bleutés. Des policiers jeunes avec des insignes rutilants et tout neufs prenaient des mesures sur la chaussée avec une patience stupéfiante. Un homme gros et rougeaud, vêtu d'un gilet fluo, prenait des photos et donnait des ordres. Tout cela fut lent, interminable dans le silence surchauffé du midi. Une vie avait cessé devant nous.

29 juin.

La terrasse est tiède. Il émane une clarté dure qui rebondit sur les ferrailles du port. L'Écrivain rince un vieux chapeau de brousse sous le robinet en cuivre du jardin puis note quelque chose sur la table de bistrot. Ombre floue dans la vitre dépolie des toilettes du jardin. Tas de bois, pierres verdies, galets glissants, grosse mer verte qui baratte de l'autre côté du port… Le soleil bouge dans le café. Une odeur de goudron chaud vient de la zone de carénage. Je dessine des chênes, des ormes, des colonnes, un temple, avec mon doigt en élargissant des taches de vin sur la nappe en papier. La pâleur lumineuse met en valeur le dos tiède d'Ariane. Vallon de chair et suavité massive, omoplate creusée, bras incliné qui plonge dans l'ombre du ventre comme du pollen, profond sommeil fluide de la hanche, gorge épanouie en deux boutons, suavité silencieuse. J'essaie vainement de déplier des fauteuils de camping délabrés dans un appentis, sans m'écorcher les doigts.

L'Écrivain est en train de rédiger quelque chose de mystérieux sur un chasseur de lions. Il étale une serviette-éponge sur le ciment, il se fait bronzer en attendant l'inspiration et nous parle longtemps et tranquillement de Mallarmé…

Matinée tiède de soleil avec une légère bande de nuages. Il semble qu'un monde immense vient de là-bas, du large, de ces nuages suspendus et de ce ciel clair tandis que le léger bruissement des vagues ajoute une douceur à ce monde si vaste et changeant. Comme si les absents nous parlaient.

Depuis le matin, la baie s'élargit, avec la délicatesse de la mer. Ensuite, je prends la voiture pour le sillon de Talbert. C'est une presqu'île de sable poudreux, presque blanche. L'impression de marcher sur un énorme dos animal sableux qui peut, un soir, s'ébrouer et disparaître. Il y a des douceurs de falaise avec des broussailles décolorées par le sel, et des chardons. Un bras d'eau de mer ressemble à une rizière avec ses vaguelettes qui scintillent dans les herbes que borde la dune, puis vient le tranchant du grand large d'un vert bouteille magnifique. Quelques arbres remuent comme dans un songe. Silence grésillant, et bouffées de vent. Ariane fait passer par-dessus sa tête la robe noire à bretelles fines et le coton se prend dans ses épingles à cheveux. Elle s'allonge sur le sable et tandis que bourdonnent au loin les vaguelettes, elle s'offre à la clarté diffuse de la journée. La forme nacrée et pleine d'une femme dans sa maturité épanouie.

30 juin.

Les nuages viennent de la terre. La baie devient un lagon inquiétant avant l'orage, un endroit à l'abandon. On entrevoit des enchevêtrements d'algues brunes dans les courants. Une femme blanche, flasque, walkyrie flamboyante, lustrée, dorée, sort de l'eau, secoue sa chevelure et, les jambes écartées, empoigne et tord sa crinière châtain, puis se cambre et devient dans la lumière orangée du ciel, soudain, une statue de cuivre. Elle ruisselle et marche longtemps dans les vagues qui déferlent sur ses mollets, puis elle va prendre un peignoir et s'assied sur un tronc d'arbre qui a été jeté là, comme un billot posé sur la pente. Puis, une fois sèche, elle s'étend sur une serviette-éponge, s'étale, écarte les cuisses. Comme un escalier de granit la surplombe, ceux qui l'empruntent, surtout des enfants, caressent de leur ombre la lourdeur splendide de son ventre soyeux et de ses membres écartés. Corps hypnotique sous le rayonnement nuageux, visage fermé, paupières closes ; un corps bouclé sur lui-même irradie et miroite sur ses secrètes pensées et ses tressaillements dans l'abandon de la matinée ; il resplendit sous les coulées grises des nuages. Eau calme des courants obscurs de cette chair qui réjouit et assèche les hommes. La femme se redresse, fouille dans un gros sac tressé, sort un tube de rouge à lèvres, se sourit et enduit ses lèvres de gras et fait la moue devant un miroir cerclé de noir. Visage doux, lisse. Surface de ténèbres que crible tant de blancheur, corps prêt à réchauffer, sans fin, des générations d'hommes seuls.

1er juillet.

Je suis reparti vers la baie. Des villages gris viennent à ma rencontre dans l'ankylose du début d'après-midi. Une douceur froide et cristalline rôde vers la route que j'emprunte.

Exaltation des beaux arbres : chênes centenaires, hêtres, saules aux souples brillances, mais si on lève la tête, on découvre, en bordure de la route, un chantier avec des échafaudages, et une bétonnière. Près du grillage du carrefour se dresse un panneau gigantesque. On voit sur l'affiche un rôti écarlate de bœuf rouge vif. Il surplombe la baie comme une menace.

Il y a des voiliers inclinés aux teintes ardoisées qui glissent et laissent un imperceptible sillage trouble. Accompagnement doux et paisible. Vastes plaques d'eau frémissantes, transparence sableuse. Des grèves désertes s'étendent à l'infini dans une paix murmurante absolue... Du silence, puis légers déferlements réguliers, si monotones, des vagues qui endorment. Lenteur des nuages, et la beauté des éclaircies entre les pluies, une bénédiction voilée.

Vers midi, rafales de vent. Ariane étend les draps dans des claquements de toile. Le bruit sourd des grands arbres autour fond dans le vif-argent du quartier ; la baie brille, s'éteint, brille à nouveau. Des nuages plus lourds passent et s'éloignent et la baie redevient une vitre glacée avec quelques frémissements. Je casse des noix pour observer ces petits cerveaux desséchés qui logent dans la coquille. Ariane est remontée dans la chambre nichée sous le toit, abri de lattes de pin avec ses lampes fluettes, ses lits jumeaux étroits, du linge bien plié, des chaises étroites aux lignes courbes. Quand j'atteins l'étage, Ariane est assise devant la fenêtre ouverte, l'épaule nue dans un rayon de soleil, l'ordinateur portable ouvert sur ses genoux. Elle a le corps strié d'ombres. La douceur du visage présente une langueur qui vaut tous les maquillages. La bretelle si fine de sa robe glisse. Les cuisses à peine cachées puis découvertes forment un froissement iridescent et flou. Toutes les lignes de lumière s'évanouissent dans la fluidité de bras qui s'enlacent et de lèvres qui se touchent.

Plus tard, les récifs sombres, inquiétants dans leurs découpures d'aurochs ou de faunes cachés ; l'air souffle et il y a des apothéoses de nuages qui fouillent le champ du ciel. Puis une ouverture de lumière éclaire la baie à la verticale et découvre un vert inouï, un lourd vert cul-de-bouteille. Il se forme un chenal bordé d'écume. Les bancs de sable apparaissent. Le vent fait claquer vestes, pantalons, chemises et linges dans le jardin pour annoncer l'orage qui rôde. Je prends le vieux vélo dans l'appentis et je roule vers les interminables délabrements côtiers.

2 juillet.

Après les averses du matin qui diffusent une ombre grise sur la baie éclose ici ou là vers Kerroc'h, les vents poussent les nuages et nettoient la baie.

Se découvre alors le murmure des vaguelettes vertes et bien régulières qui s'étalent les unes après les autres. Cela ruisselle un instant, les champs s'éclairent de taches acides, des genêts apparaissent sur la presqu'île.

Je suis des sentiers ombragés le long des anses caillouteuses, soudaine allée de soleil sur une bande sableuse jonchée de carcasses de crabes. La route étroite qui descend vers le village blanchit et il y a des souffles dans certains feuillages le long des fossés et l'immense trou du ciel devenu arène où se promènent, tranquilles, des vapeurs portées par un vent d'altitude. Le paysage s'agrandit. Réverbération intacte, paisible, de la mer. Quelques rayons de soleil obliques éclairent les maisonnettes austères avec leurs jardinets bien entretenus, leurs rideaux proprets, la vie un peu secrète, en torpeur, des habitants. Ils ne se manifestent que par une fenêtre qu'on ouvre, un portail qui claque, une voiture qui démarre, un tintement de bassine, un juron. On découvre un instant, un visage étonné entre les mailles d'un rideau. Sur le parking tiédissent des camionnettes réfrigérantes, des breaks aux tôles rouillées, des rouleaux de câble.

À la verticale du quai, l'eau monte en vagues amples vert pastis et court le long de la paroi du ciment et de ses coquillages incrustés avec leurs tapisseries de lichens et leurs alvéoles algueuses. L'odeur âcre monte de cette crique où viennent s'échouer des paquets visqueux, des méduses et autres bestioles gélatineuses qui, soudain, mouillées, dévoilent un œil noir, éteint, mou, suintant qui nous observe dans un tas d'entrailles d'un bleu mordoré. Marcher.

Ailes d'oiseaux morts, avec quelques plumes hérissées qui se soulèvent à chaque vague, courbe déclive du sable, quelques morceaux de bois décalcifiés et grattés comme un os humain, et c'est le début d'un marais grésillant. Son odeur douceâtre et stagnante dans la large boucle d'une eau trouble mais aussi l'ombrage de quelques noisetiers inclinés au-dessus.

Je m'adosse à la muraille récemment cimentée qui absorbe la chaleur. Plus loin, rouillent des herses des chaluts. Je me souviens de mes premières visites sur cette côte, et de la maison de l'Écrivain. Le sommeil du paysage l'hiver, les arbres nus qui tremblent, la terrasse étroite bordée de plantes exotiques sèches comme un figuier, ou bien cette vigne vierge dans lequel des oiseaux se nichent le matin.

Un chartreux ébouriffé par le vent somnole sur le toit d'une camionnette. Une pellicule d'eau mêlée d'écume s'étale sur la pente cimentée du débarcadère. Des bancs de minuscules poissons forment une fuite argentée.

Je me souviens de mes enfants : leur manière de gambader dans le chemin à aubépines, leurs jambes grêles qui s'évanouissent dans la pluie des taches claires des papillons ;

puis je les vois sauter dans les vagues… Quelle entaille profonde creuse en nous ces étés passés. Saisons de voitures vides garées le long des vergers… Je m'enivrais au milieu de ma vie de cette plénitude familiale.

Le soir, dans l'accalmie, je contemple de longs sillons argentés qui parcourent la mer, et je pense à eux. Oui, cela a donc bien existé.

L'eau reste une puissance onirique qui nous écoute et nous happe. Des canots à moteur se balancent et brillent tandis que les ondulations forment quelque chose qui s'arrondit en un tourbillon gazeux au milieu duquel l'œil retrouve les profondeurs de l'enfance. Table en bois blanc avec dessus un journal qui annonce de nouvelles catastrophes économiques. Ravin de la baie, ogres et nains, et puis mouvements imperceptibles à midi. Silencieuse étincelle qui serpente le long des coques de barques qui mouillent ici.

Bruits de gargouillements, glouglous de fontaine après le repas de fruits de mer, lagune morte, suintements du corps, bruits lointains d'effondrements. Sillage d'un voilier qui fend le bleu parfait. Ça ressemble à une transfiguration religieuse. L'embarcation disparaît dans une zone marine profonde ; c'est l'heure où tout se dissout. En m'endormant dans la chaise longue je songe à mes enfants. Ils attendaient derrière une clôture que deux ânons viennent quémander une caresse. Je revois les lignes et les hameçons enchevêtrés que nous démêlions, tous les trois, assis sur une roche plate surplombant un raffut de vagues…

Quand je me réveille, étourdi dans ce bain de lumière dure de la terrasse, une poussée du vent fait rouler crayons et pinceaux sur la table de jardin.

3 juillet.

Après les averses du matin qui diffusent une ombre grise, les vents de la terre poussent les nuages et nettoient la baie. On découvre alors le murmure des vagues bien vertes et bien régulières. Le ciel devient une arène d'un bleu pur au milieu de la matinée. Le parking noir du port, lui, est comme lavé au jet, avec les herses des chaluts qui rouillent au soleil. Marins disparus chaque hiver. Flottille de barques éclairées par les reflets d'eau qui ondulent sur les coques. Yeux fermés, soleil, sommeil, fine inquiétude qui traverse la conscience comme une couleuvre.

Je bois du rosé de Provence dans la réfraction de la lumière, dans le miroitement d'eau stagnante près de la zone de carénage.

16 h 37. Marée basse. Les jardinets des maisonnettes bien alignées exhalent des senteurs de pétales dispersés par les averses, de troncs décrépits, de marche en granit, de chemin récemment goudronné, de potagers aux herbes serrées, aux feuillages roussis qui collent aux bottes. Il y a des éblouissements, des nuées. Des voitures passent sur la route pour rattraper la course infinie du soleil. Elles défilent devant un calvaire en granit avec un visage de Christ grotesquement rongé. Un tas de gazon, odorant et sucré, haché par une tondeuse se décompose devant une double porte de garage, des papillons batifolent dans les lilas, de longues bandes d'oiseaux qui volent très haut en une impeccable formation et se dissipent. Si je regarde longtemps cet endroit, ce trou de lumière provoque un effet noir ondulant. Les angles des toits coupent le ciel avec brutalité pour mieux faire sentir l'affreux vide des particules. Sentiment de flotter dans une immense dispersion. Aucun « moi » n'existe.

Je reviens vers les clochers de la baie. De larges bandes de sable font leur apparition et deviennent ciment gris. Un marmot piaille. Quand je sors le matin sur la petite route vide, bombée, bien nette, la presqu'île égrène ses maisonnettes et villas. Ce n'est qu'une collection de portes et de fenêtres entourées d'un blanc de chaux, l'air libre de quelques fenêtres ouvertes apporte joie et promesse mais parfois on aperçoit dans la pénombre d'une pièce un visage malade. Les courettes à allées gravillonnées abritent des plantes exotiques à larges feuilles épaisses qui s'étalent, vernies, et cachent des visages d'enfant enfouis dans un jeu secret. Il y a de l'agitation autour d'un chalutier qui appareille, des camionnettes qui manœuvrent sur le parking.

Un type ganté, à califourchon sur un bras de pelleteuse, règle la flamme bleue d'un chalumeau. Je descends les marches de l'escalier des pilotes. Puis je rejoins un hangar avec ses bassins d'eau aux reflets bruns où des dizaines de tourteaux et d'araignées de mer se sont entremêlées les pinces et les pattes et somnolent sous la pâleur vibrante de quelques tubes au néon. En ressortant et en se dirigeant vers l'extrémité de la cale, on tombe sur des bassins bouillonnants. Au fond pourrissent des débris de grillages, des lattes de vieux casiers, des paillasses boueuses de poches d'huîtres ; au milieu de ces tombes sans croix, serpente un éblouissant poisson. Un carreau de Delft brille dans un canal qui suinte.

Je remonte vers la Croix des Veuves, dans les réseaux d'un lierre desséché. Sur les murets, des tessons, un cadenas tout neuf pour boucler un portillon. Des chemins goudronnés de frais se ramifient pour rejoindre des bungalows de l'autre coté de la colline, sur le versant plus sauvage. C'est un tapis de champs en forte pente avec un sillon de lande solitaire raboté par les vents. En bas, des vagues puissantes prennent le soir des couleurs lavande ; elles approchent sans brisants ni récifs pour les ralentir.

Falaise et océan face à face.

C'est un endroit immense, sauvage, religieux. Cette pente incurvée, avec ses genêts et ses broussailles corrodées de sel, semble garder en réserve, dans sa pelade, les tempêtes hivernales...

Je reviens par l'escalier des pilotes. Le voisin à la figure ravagée me regarde passer. Il est mal rasé, épuce son chien et me dévisage. Il est enfoncé dans un fauteuil en toile, devant un rideau de plantes tropicales qui cachent un clapier vide.

— Le brouillard monte vers les bassins, dit Ariane.

4 juillet.

Il y eut quelques jours dans le simple tourbillon des mouettes. Les maisonnettes de pêcheurs sont restées closes, avec des draps qui pendent dans la brume de chaleur du matin. Étuve sur la baie. Les pins sont des fantômes liquides. Les rives d'herbe ne sèchent plus dans leur fermentation. Vers 11 heures, la mer blanchit. Des vagues vertes et noires dévorent le môle, je reste sur la terrasse avec ce mouvement qui ne rassasie jamais. Des excès de lumière et des souffles naissent au large. Le voisin a sorti sur sa terrasse de l'argenterie et des chiffons et frotte cuillères, petite salière XVIIIe et seau à champagne. Il est vêtu d'une espèce de peignoir mi-peau de zèbre mi-ottoman violine et porte un galurin graisseux qui lui cache les yeux. Il fredonne des airs d'opérette aux refrains complètement idiots.

Une poussée d'eau soudain ferme la route et gicle sur les voitures du parking. Puis tout s'apaise et laisse alors un lac avec quelques traînées scintillantes pour des dieux grecs en route vers Troie. Baie couleur écaille de poisson avec l'argent qui devient couleur plus foncée, un bleu devenu mauve. Il y a ainsi des moments où l'on croit qu'il y a davantage de murailles, davantage de fenêtres fermées, un silence creusé, un long frisson tiède qui parcourt la route et les toits, quelque chose de grand, de muet, qui passe dans les nuages et nous relie au passé, qui, ici, n'est jamais oublié... Il m'arrivait de me pencher devant un portillon repeint en blanc ou de lire les noms sur les boîtes aux lettres : Oueznec, Querlin, Triguenou, Kerbrat, Marzin, Pouliquen, Kermarrec. Ici, les années de guerre n'ont rien modifié avec des femmes qui ressemblent à des sœurs un peu veuves : ni les noms ni les boutiques. Il y avait eu des heures qui n'étaient ni du jour ni de la nuit, et des jeunes femmes qui veillaient sous la lune... Ici, il n'y avait pas de nervosité ni de fébrilité, mais la patience des murs à jardins clos, le chemin où poser les pieds, la part réservée du verger, la part du lait, la part de la pêche. Ici, c'était le repos, les mêmes noms, toujours, les mêmes visages photographiés de plus en plus jeunes, la vieille carte postale d'un pays perdu : Terre de Feu, Japon, îles de la Sonde. Une génération attend sur le parapet, près d'un môle lavé à grandes eaux. Les chalutiers et les goélettes débarquent avec leur cargaison à la lueur des torches. La planète commence sa journée avec une baie endormie qui chuchote son mystérieux commerce. L'eau, à cette heure, est une ombre et un songe tandis que les grandes villes dorment. L'enfance, ses fantômes, son passé, ses chiens, ses bêtes, ses soldats enrôlés, ses disparus en mer, tout revient autour comme une vague lente qui éteint le jour entre les branches. Cette enfance avait erré et plané un matin sur ces eaux lisses, un héron était venu y planter ses longues pattes. Tout attend ici avec la baie et rien ne s'éteint mais se porte d'une génération à l'autre dans l'usure des pierres du seuil, comme une nouvelle marée s'abandonne à la prochaine. La dernière génération avait installé une pharmacie et sa croix de néon vert, une boucherie avec des rampes bleues qui grésillent, des feux automatiques au carrefour proche du cimetière, et une salle polyvalente omnisports avec un terrain de basket.

Ici sur les boîtes aux lettres, les noms ne changent jamais.

Les roses trémières portent des parfums anthumes et posthumes, et le linge sale, sous la toiture carrée de la cuisine se change en linge propre par miracle.

Penché sur ces médaillons en cuivre, je déchiffre les lettres. Je pense à ceux que je côtoie dans mon métier de journaliste. Souvent, ils écrivent pour se distinguer dans le vaste anonymat ou bien tentent de s'en remettre aux autres d'un jugement auquel ils ne souscrivent pas eux-mêmes définitivement. Mais, ici, on ne connaît pas l'impatience du nom, mais la patience de l'indistinct. On reçoit et on transmet un lit, une montre, une commode, une barque, un peu d'argent, un carré de choux. Le silence nu des saisons qui passent engloutit si fort que, parfois, un paroissien se révolte et veut se saouler avec les disparus pour les retrouver…

Je regarde la petite cour d'école bien carrée, bien goudronnée, avec sa lumière plombée sur le préau et les quatre tilleuls muets.

Quel essaim de mondes d'enfants disparus volette dans cette cour. Je reviens à la maison par l'escalier des pilotes, étroit, herbeux, avec une rampe glacée. Puis j'emprunte une ruelle qui porte dans ses murailles des présages. La mer noircit.

Ces noms inscrits sur les portails des maisonnettes de cette presqu'île me donnent une leçon. Aucun d'entre eux n'avait cherché à se dérober à l'anonymat ni à se soustraire à la loi de la lignée. Ils ont tous accepté l'enfance, les draps, les taloches, la valise aux coins métalliques pour l'embarquement.

Adolescents, ils se baignent ensemble, garçons et filles enchevêtrés dans un éternel baptême d'eau salée avec leurs rires au milieu des courants froids. Puis c'est la route nue de l'océan pour eux tous.

5 juillet.

Deux jours de chaleur. Beau temps sans fond, la baie s'apaise, clapote et murmure, c'est une arène d'un bleu épais incassable. Les murailles de pierre sèches me ramènent en Grèce, à Épidaure… Il y a, ce matin-là, la même harmonie, le tranquille clapotis, des pentes bucoliques, un ciel dégagé, équilibre de sérénité pastorale dans des pentes douces et rocailleuses, un semis d'arbres bas aux rameaux secs, une vasque pierreuse en forme d'offrande et surtout, surtout le sommeil de la presqu'île dans la même harmonie que celle de la mer Égée. Quelque chose se lève et annonce depuis si longtemps une bonne nouvelle, une journée entière étendue qui rayonne et vient de tous les côtés à la fois et nous sacralise. Et cela flottera pendant des heures calmes jusqu'au soir dans un azur qui sombre avec lenteur et majesté. Quelques voiles passent dans le soleil. Enfin le moment souverain du soir qui tombe sur cette majesté douce, les premières lumières. Je me souviens de ce moment quand le public d'Épidaure s'installe et bavarde dans les gradins ; tant d'ouverture de ciel, au lieu d'égarer, concentre et apaise. Une espèce de flamme du temps. Un paysage incurvé qui protège. Rien de brutal dans la grande aile pâle de ce ciel, avec la mer au loin. Tranquille présence, une renaissance nous imprègne et délivre… Le sentiment d'être enfin effleuré par quelque chose d'harmonieux et de définitif. Ça s'ouvre, s'installe, respire et demeure. Caché, un sens profond nous préserve de l'avenir incertain ; je ne sais pas comment le dire mais comme si l'ordre des saisons nous admettait. La succession paisible des générations, les rites (le mariage et la cérémonie de la crémation en sont), tout cela nous saisit, nous invite et nous présente à ce lieu.

Les tragédies grecques nous parlent d'une démesure qui surgit et fait brèche dans les vies si fragiles par d'obscures décisions des dieux. Et puis le grondement assourdi d'un avion de ligne me ramène à notre époque. Je vais chercher mes lunettes de soleil dans la chambre. Les dieux veillent sur Ariane encore assoupie dans les draps froissés. J'entrouvre la fenêtre. Le son s'amenuise, rôde et creuse le ciel.

Revenu sur la terrasse avec les journaux et un grand bol de café noir je regarde des fourmis qui, fébriles, s'entrecroisent et cheminent sur la table en fer. Elles me font penser à une salle de rédaction au moment du bouclage.

Je lève la tête. Solitude flottante des nuages qui traversent très haut... À midi, fenêtres ouvertes, toiles délavées, meubles de jardin, cliquetis d'une arroseuse automatique sur quelques rosiers, carrosseries qui chauffent. Le sentiment que la presqu'île vogue à l'abandon et court sur son erre.

6 juillet.

Tiédeur paisible du petit jour. La baie, une plaine d'eau calme qui gargouille à peine... Ce matin, un tourbillon de mouettes au-dessus du port et, au-dessus, des nuages aux transparences brumeuses qui flottent...

Les murailles sont posées, quelques maisons allumées... Des familles en ciré jaune jardinent déjà dans les roches. Derrière eux, la lumière pétille vers l'horizon.

Le voisin, mal rasé, avec ses paletots sur sa carcasse voûtée, bavarde avec deux gendarmes de sa voix cassée de fumeur. J'approche et colle mon fauteuil de jardin contre la cloison de verdure pour essayer de saisir des bribes de la conversation. L'un dit :

— On sort à l'étale à cinq heures et demie...

— Ça a bouillonné pas mal cette nuit...

— Oui, ça a bouillonné... et vers les Trois-Agneaux aussi et les roches de Levnec, vers le phare de la Corne, ça bouillonne.

— Oui, ça bouillonne par là.

Ils disparaissent dans la maison puis ressortent sur la terrasse et prennent l'escalier ombragé, étroit qui mène sur le parking du port. Ils tournent autour d'une 4 L immatriculée en Allemagne, aux ailes et aux portières bordées de rouille. Puis ils remontent dans leur camionnette.

Eaux dormantes. Son d'une cloche si régulière... Les eaux en sommeil rayonnent de mélancolie. La lumière verticale filtrée par les nuages donne le sentiment d'être radiographié par Dieu... Dans la cuisine de la maison, il y a, près du buffet, une photographie dans un cadre ovale en bronze. On reconnaît une femme au visage carré, avec des yeux vifs, des pommettes saillantes, serrée dans un châle, avec une coiffe en dentelle blanche, petite et pointue. S'appelait-elle Marie ? Maud ? Est-elle devenue veuve à trente ans ? A-t-elle attendu vainement sur la lande, dans les bruyères, le retour d'une goélette ? Je me demande ce qu'a été sa vie. Naissance, baptêmes, communions, fiançailles, mariages, accouchements, soirs d'anxiété, pardons, messes, deuil, mort.

J'enfile des chaussures de bateau décolorées et je quitte la maison en direction du village par l'unique route qui monte entre les pavillons, villas, et bungalows avec souvent le panneau À VENDRE. Je traverse un carrefour qui donne sur un lotissement. En contrebas, on découvre des prairies de vase qui brillent au milieu de roches noircies. Il y a des pentes d'herbes mouchetées de jaune, des chemins creux dans des replis de terrain, puis une zone de galets et des prairies d'algues.

Au sommet de la presqu'île, il n'y a qu'une teinte gris perle septentrionale. L'île Saint-Riom sort de la brume. Et, sur la côte, l'espèce de maillage noirâtre des lichens et des goémons s'étend là où finissent les maisons blanches des ostréiculteurs… Tout au long du chemin, je croise des impasses couvertes de gravillons, des ruelles muettes, des voitures poussiéreuses, la fumée d'un petit feu de branchages, des enfants qui cognent sur des pétards avec un caillou. Il y a l'impasse de la France-Libre, l'impasse du Puits, la rue des Pêcheurs-d'Islande, la rue de la Croix-des-Veuves. Parfois, au bas d'un escalier, la coque inclinée d'un voilier moisit et garde les eaux de pluie. Une souche d'arbre ressemble à un ossement marin. Un retraité repeint sa porte de garage ou taille du buis.

Après le grand carrefour et ses feux, je franchis la grille du cimetière des Disparus. Les tombes, avec des fleurs fraîches qui sentent bons ; on les change souvent. Le ciel, ici, ressemble à de l'eau claire. On suit sur les panneaux de bois ce que la mer a gardé de 1852 à 1935 entre ici et l'Islande. On a écrit en lettres noires : « Deux mille marins à jamais engloutis dans la froide mer d'Irlande. » À la mémoire des dorissiers et des graviers. Il y a des années effroyables. En 1873, soixante-neuf hommes ne sont pas revenus dans la région. J'imagine la peur, la nuit, les courants, la mer qui assiège, le travail solitaire dans le sel qui ronge les jambes, la fatigue, la souffrance hallucinante quand la lumière reste rase des jours entiers, et le froid. Et l'imprégnation de la solitude. En 1868, la goélette *Eugénie* a coulé avec vingt hommes. Et en 1901, cent dix-sept hommes s'effacent du pays. Je relis encore le chiffre en me disant qu'il y a une erreur. Sous quelle effrayante fatalité vivaient-ils ?... J'imagine les hameaux, les fermes, la lueur le soir à table, ceux qui remuent les lèvres, qui remuent les souvenirs, qui voient des visages puis les perdent car tout s'efface et s'éteint, car tout cela disparaît... et ceux qui ne disent rien en tisonnant le feu, en épluchant des légumes, une espèce d'insondable prière, certains soirs.

Comment les gens de la mer vivaient ensuite, derrière les haies, après ces drames ? Comment les veuves regardaient-elles le rivage par les soirs de pleine lune ? Se promenaient-elles avec leurs enfants en cherchant dans les traits de leurs visages ceux du jeune père disparu ?

Je tire la grille du cimetière qui racle un peu à cause des graviers. Tout ce qu'il y a de gisant, d'éperdu, de rongé et d'anéanti en plein midi, dans cette lumière haute et verticale qui éclaire, étincelle. Le reste de la journée se passe curieusement. La couleuvre froide de la tristesse s'est glissée en moi. Je traverse le village avec ses cafés : *Les Agapanthes*, *La Cambuse*, *La Rose des Vents*. Par une échancrure dans les champs, j'aperçois la mer. Elle blanchit la côte et polit les roches plates inclinées. Je regarde le ciel, il est bleu.

Revenu dans la maison, j'ajuste un volet

dans ses gonds, je rafistole un épluche-légumes, le genre de truc qu'on fait quand on ne veut pas être attrapé par des pensées qui continuent. En fin d'après-midi, je vais marcher sur le sable fin face à l'île blanche. Imaginez une immense plage souvent déserte, venteuse, brodée de dunes, et sa molle déclivité : c'est un vrai plaisir à contempler. Quelques toits d'ardoise brillent. Des pucerons sautent autour des pieds. L'envie de marcher, de balancer les bras en rythme, de sentir la poussée du vent dans le dos, avec une légère secousse régulière du corps et de se dire : *je vis, je vis, je vis*, sans savoir si c'est avec un sentiment de paix un peu douloureux ou une joie pure et nette.

Le soir, quand l'Écrivain est venu s'installer à notre table, devant les salades de poulpes et les fruits de mer à la tomate, je n'ai pas parlé de ma visite au cimetière.

8 juillet.

Cisailles d'ombres. Tilleuls au parfum profond.

Minuit et demi. Je prends un dernier café et un dernier verre avec mon ami écrivain et Ariane. Ils ne parlent pas, je ne parle pas. La fenêtre ouverte sur la nuit et la mer.

Après son troisième café, le visiteur du soir se dérobe dans l'arc blanc de la route. La nuit aspire le vide, la nuit surprend, la nuit murmure, la nuit chuchote. La mer vient nous chercher sous la terrasse puis nous laisse dans la tendresse muette. Plénitude, silence, un chalutier avec ses lumières vertes gagne le large. Demeure navire, demeure clarté. Espace immense ce soir au-dessus de la presqu'île. Odeurs profondes. Et le chœur des femmes qui officie là-bas, sur une barque pendant que les hommes préparent l'agneau grillé, les piments, verres entrechoqués et assiettes.

La nuit est sourde, l'univers bégaie, appelle, barbote. Ce soir, je suis loin, j'entends la voix des jours où j'avais une voix d'enfant, où il n'y avait, sur la plage, que des voix jeunes.

Au milieu de la nuit, je descends lire dans le salon. Je suis de nouveau sur la plage. Courent mes parents, des jeunes gens. Au large, les catamarans culbutent les vagues. Plus d'ombre, une coulée lumineuse vers Saint-Malo. Gigue de mâts, fenêtres qui cognent, minuscules rides d'argent qui ourlent la plage. En 1966, le matin est beau, le pays est neuf, les plages normandes sont nettoyées dans le silence des mines qu'on désamorce. Tu joues sur un ponton ébranlé par des vagues, avec d'autres enfants qui ne savent rien de la Seconde Guerre mondiale. Trous dans ton pull effrangé, cheveux en bataille, hirsutes. Avec tes potes, tu dévisses des balles de fusil de guerre et tu recueilles la poudre pour la glisser dans un tube d'aspirine. Fusées dans la nuit au-dessus des dunes. Chair de poule sur tes bras, paquet d'os, baguette des jambes, crabe tricoté large sur ta misère laineuse, poitrine glacée, mains qui tremblent. La matinée d'après-guerre chahute avec son vent froid dans les chardons qui tremblent. Odeur gluante de dorade grise entre les cuisses, oui, tu ruisselles, tu viens de l'eau, poisson du mauvais temps. Oui, les vagues sont courtes ce matin. Le monde entier émerge de la somnolence originelle.

Un vieil homme passe derrière la haie et dit :

— Belle journée n'est-ce pas ?

9 juillet.

Le vent pousse des nuages entre deux trouées de lumière. La herse d'eau cogne en bas du jardin. Gerbes de verdure. Pins qui étalent un curieux pelage, les morts appellent ce soir… Les spectres emplissent l'air… les vagues qui épaississent, se gonflent et transportent des flaques d'écume. Parfois un ourlet blanc disparaît entre les lames. Les profondeurs violettes rôdent vers la rive boisée en face… Vers 7 heures, tout s'apaise et flotte dans la fragilité du soir. Apparaissent parfois de larges plaques scintillantes, elles s'évanouissent lentement ou s'étirent en longues traînées… La rive en face s'atténue et devient brumeuse, des embarcations se perdent dans de rares brillances. Pendant des heures les eaux sont là, les nuages passent, le parking se vide, des voiliers se mettent au mouillage. J'épluche des radis sur la table du jardin avec un couteau qui brille. Puis je mets la table, en disposant les couverts bien parallèles avec un soin maniaque comme si l'ordre du monde était en jeu.

Quand je lève la tête, au-dessus des toits et des cheminées, que du bleu léger. Puis des couches plus sombres. Minuscule tube métallique d'un avion de ligne très haut, lent, qui ne laisse aucune trace gazeuse. Il s'enfonce dans le sommeil du bleu qui fourmille… En rentrant à la maison, je découvre que le voisin passe son temps à ouvrir les pièces du haut, à aérer et à refermer les fenêtres tout en inspectant les volets, les charnières. Je ne sais pas s'il traque les traces de rouille, les fientes d'oiseaux, les éclats de peinture, ou cherche de vieux outils égarés… Il installe, en début d'après-midi, un poste de télévision portatif sur une vieille grille en fer forgé posée sur des tréteaux. Il suit un match de foot, participe, se penche, se tord, complimente et accompagne si fort l'action sur le terrain qu'il en perd une de ses espadrilles. Après le match, il s'installe dans un large fauteuil d'osier défoncé et récure une bouilloire pour en ôter les croûtes de calcaire.

10 juillet.

Exaltation des beaux arbres : chênes, hêtres, saules, qui bruissent. Accompagnement doux et paisible. Lentes plaques d'eau frémissantes, transparence sableuse. Des grèves désertes s'étendent à l'infini aux auréoles de brun profond du sable mouillé après l'averse... Du silence, puis légers déferlements réguliers, si monotones, des vagues qui endorment. La lenteur des nuages et la beauté suspendue des éclaircies entre les pluies, une bénédiction voilée.

Vers 6 heures, écume et embrasement livide. Ariane et moi étendons les draps dans le jardinet au milieu des claquements de toile. Le bruit sourd des grands arbres autour secoue les ombres sur les murs de la maison.

La baie brille, s'éteint, brille à nouveau. Des nuages plus lourds passent et s'éloignent et la baie redevient une vitre glacée avec quelques frémissements. L'Écrivain doit être au travail. Il a laissé sa yole dans son hangar en fibrociment... Les lignes rocheuses redeviennent mornes sous un ciel d'étain. Les bancs de sable apparaissent enfin... Le vent fait claquer vestes, pantalons, chemises et linges dans le jardin ; je décroche le vieux vélo de femme suspendu à une poutre et, sur la route de la côte, vers Port-la-Chaîne je pédale nez contre les rafales.

11 juillet.

Ce matin, une large bande humide de sable forme un miroir. La baie est un étang calme. En prenant le chemin de la Croix des Veuves, vers l'anse de Launay, j'entends derrière la haie les longs déferlements réguliers. À travers un trou dans les feuilles, j'aperçois les rochers qui blanchissent puis brunissent entre de larges espaces d'ondulations. Un espace flottant absorbe le soleil, c'est un endroit parcouru de calmes reflets de nuages, et que bordent des baraquements pourrissants. Ils se perdent dans une pente de fougères.

Au large, une grande bande d'eau plane, miroite puis s'éteint et se résorbe dans le sommeil profond d'un espace gris. Des vaguelettes courent tout au long de l'horizon, de petites lignes d'écume vagabondent entre les récifs. Un large voile de pluie évolue et approche de l'arc de la côte avec sa dureté nette et minérale de dune.

Le chemin disparaît dans un tunnel de feuillages. Il mène à un escalier qui aboutit à une plage. Des oiseaux fuient. Froissements d'ailes, pépiements, craquements, envolées subites, ombres effarouchées. Les noisetiers aux lignes serrées, effilées, bien parallèles, filtrent la lumière ardoisée. Ces lieux touffus absorbent, dérobent à la vue. Le vent caresse les feuillages et on s'y sent bien. Sur la droite, la colline se dessine blanche sur un ciel noir. Trois bungalows se découpent vers des montées de nuages.

Dans ce trou d'obscurité, on voit voleter des particules dorées. On entend la mer comme un fond sonore lointain, régulier, assez doux et apaisant, quelque chose de glissant et d'à peine perceptible, insistant, régulier, fugitif. Et soudain, ça diminue, ça s'étire, ça se calme et fond dans un absolu moment de silence. Puis la battue contre les rochers reprend, les aspersions, les giclements, la vaste dispersion écumeuse qui s'engouffre entre les galets, les pierres, les éclats rocheux.

C'est alors comme si une immense verrière s'effondrait.

Pour l'instant, je suis dans la pleine bousculade de l'océan. Avec des tourbillons et des descentes d'ombres qui dévalent et aspirent, c'est le grondement du grand nettoyage écumeux, ces lourdes vagues qui montent, pèsent, s'affalent puis s'étalent, rincent, lavent.

Dans une sorte de soudain crépuscule, des bourrasques d'un vent froid crépitent et apportent une nuée de grêlons qui roulent et rebondissent comme des billes folles sur la route.

Peu de temps après, j'aperçus mon voisin, l'homme au dos voûté, aux paletots superposés qui pendouillent ; il marche en plein champ, chante dans ce déluge. Le nuage de grisaille disparaît, et lui s'évanouit aussi vite qu'il est apparu.

Je reviens par les ruelles tranquilles du hameau, si assoupies qu'on a parfois l'impression d'errer dans les ruines de Pompéi. Un épagneul vient me flairer les talons. Quelqu'un a abandonné près des poubelles un tas de vieilles chaussures à hauts talons et des bottines sans doute pour l'équipe de ramassage des ordures. Après un long muret planté de clous, il y a le transformateur ; je tourne et me dirige vers le calvaire devant une sorte de hangar fermé avec des chaînes et des cadenas, un Zodiac sur des roues de caoutchouc tout fendillé. Des pluies se déplacent au loin ; elles tombent sur les maisons des ostréiculteurs et sur l'écluse qui ferme le port.

12 juillet.

Les deux tables de jardin sont encore dans l'humidité du matin, dans l'ombre de la maison. La barrière blanche vient d'être touchée par le soleil. Des bourdons vibrent déjà dans les massifs fleuris. Je me suis assis sur le vieux banc aux accoudoirs en fer forgé et aux planches en bois à la peinture écaillée. Et je repense à cet hiver, mon ami qui regardait l'infirmière joliment coiffée, aux gestes précis et simples pour glisser lentement une seringue dans sa veine bleue et faire disparaître une longue aiguille dans le creux de son bras tendu. Le tuyau transparent injectait un liquide pâle dans son corps. Je me détournai et contemplai les couvertures cartonnées des livres de guerre posés en pile dans l'embrasure de la fenêtre. Où est-elle aujourd'hui, cette pile de livres ? L'embrasure de la fenêtre doit être vide, il ne doit plus y avoir que la douce clarté frissonnante des feuillages des marronniers le long des couloirs vides et des chariots à l'abandon. Une infirmière refait le lit. Je pensai : il ne lit même plus une page entière, en considérant le placard à demi ouvert avec un flacon d'eau de Cologne bon marché, quelques chaussettes chinées grises roulées en boule, deux chemises kaki au col élimé pendues à des cintres en plastique gris. Toute une vie, tout un travail accompli et il reste deux chemises au col élimé dans une armoire métallique.

Le plafond jaunissant et fissuré de la chambre, les murs vert d'eau écaillés, chambre vide, matelas roulé avec quelques reflets d'eau qui courent sur l'armoire, le lavabo et le papier peint. Tout au long de l'après-midi, j'apercevais le flou ensoleillé couleur morte du ciel ; cette simple présence muette fait sentir l'écoulement du temps, ce simple morceau de ciel, le corps se tourne dans un froissement de drap, une clarté molle rampe sur le plafond puis les stores tombent dans un sec claquement et des pas dans le couloir s'approchent et s'éloignent, le sommeil, l'épuisement, le sommeil encore, les soupirs, le passage de la lumière plus orageuse sur les éléments en fonte d'un vieux radiateur. Le temps soudain nous abandonne et nous défait, voiles affalées.

Ici, je contemple le fonds rocailleux sans rien dire. Des couches d'algues oscillent, là-bas. Dans quelques instants, Ariane et moi allons disposer une nappe blanche, une carafe d'eau glacée, des verres limpides, des couverts qui brillent. En reprenant des spaghetti aux fruits de mer, nous allons écouter notre ami l'Écrivain nous parler de Manet et des longues vagues jaunes désolées du Pacifique, vues d'une chambre d'hôtel anonyme. Toute cette côte inhabitée et sans autre réponse que cette désuétude du lent retour des vagues.

De notre soirée, il restera une fois de plus des débris calcaires d'araignées de mer dans un saladier en pyrex.

Ariane ira s'asseoir sur une avancée rocheuse pour étaler sa robe noire brillante. Elle lira les lettres de Marie Dorval et suivra le mouvement des courants entre les récifs. Elle regardera le cap, des hortensias bleu frêles, la lande, les maisons basses et les champs en jachère, les bassins aux heures huileuses, la baie obscure et les maçonneries récentes du port. J'irai me promener pour glisser dans des vergers aux pommiers à branches basses qui font toujours étinceler quelque chose de l'enfance dans un taillis. Marcher entre ces hautes herbes folles, ces feuillages, ces troncs couverts d'un lichen croûteux gris cendre. Tout cela en friche, mal déterré, banal.

Quand les balises s'allument, il y aura une barque massive qui glissera, et notre ami nous saluera avant de pénétrer dans le plein violet de l'eau profonde.

Ariane dépose les trois tasses à café sur la nappe, le sucre et la cafetière à piston. Les pas d'Ariane qui s'éloignent vers la cuisine, les pas de mon ami ne cessent d'aller et de venir. Je suis distraitement la conversation dans laquelle il est question de travaux inachevés et de l'installation d'un sauna. L'infirmière passe un coton hydrophile froid sur le bras tendu.

— Regardez ça, dit l'Écrivain accoudé à la balustrade, nous indiquant la zone de carénage. Il ne sait même pas faire démarrer son moteur, et il va se foutre à l'eau !

13 juillet.

À 8 heures, je me prépare un café sur la terrasse. Les pins vers Kerroc'h sont dessinés avec finesse comme un paysage japonais. Les eaux lisses forment un miroir limpide qui berce la pensée, la soumet, l'endort, la fait approcher des lointains souvenirs d'Allemagne du Nord et de jeunesse enfuie. Des pins et des roches sont désassemblés et détériorés dans leurs couleurs vers la pointe de Guilben. Une forme grisâtre oscille dans l'eau vers la balise, près des parcs à huîtres, quelque chose qui ressemble à une barque chavirée ou à un cétacé mort qui flotte mal.

Je prends les jumelles et les braque sur cette chose qui s'enfonce et réapparaît dans un léger éclaboussement d'écume. On distingue des stries de planches d'une coque couverte avec ce qui semble être des moisissures marines. Parfois, c'est recouvert par une lame plus grosse que les autres et qui éclabousse. Sur ce fond tranquille de nuages, c'est à la fois beau et inquiétant comme un résidu de chavirage. Enfin ce qui doit être une barque retournée et pourrie dérive vers les balises et contourne l'île Saint-Riom.

Le ciel se couvre, le vent tourne vers le nord-est ; il se forme des lignes d'écume qui croulent sur un ciel de plus en plus noir. L'eau devient une immense ardoise. Puis les îlots sombres et suspendus s'écartent, les nuages laissent filtrer des rayons de plus en plus larges et obliques, des trouées lumineuses envahissent la vaste baie pour en dévoiler la magnificence. Dans la gouttière, on entend un pépiement de moineaux, tout un bris de miettes sonores, tout un bariolage vif, ciselé, qui suit et remonte vers la cheminée. Des papillons jaunes dansent au-dessus des rochers et des herbes sauvages en contrebas. Quelque chose étincelle vers l'escarpement boisé et sauvage de Port-Lazo, là où je sais qu'il y a le bâtiment blanc mauresque d'un cinéma désaffecté depuis 1943. Je prends un autre café et j'allume la première cigarette de la journée. J'aurais voulu partager quelques huîtres et deux verres de vin blanc avec Rimbaud, oh ! pas le jeune poète cheveux coiffés en pétard, aux yeux clairs qui dissipe ce qu'il voit, mais le Rimbaud à la caboche de bagnard, peau tannée par les vents du désert et le sel d'Aden, l'espèce de maigre fantôme vêtu d'une sorte de pyjama blanc, le crâne rasé, l'œil dur, tenant un fusil à la main, bref, le trafiquant d'armes qui écrit à la vieille Génitrix racornie et ardennaise, pour commander un appareil photo.

Il suffit d'un changement de lumière pour penser à autre chose ou à rien du tout, suivre la vague irradiation molle des choses : l'eau qui couvre et découvre les roches, le murmure de la mer qui approche, le bourdonnement des mouches vers la fenêtre ouverte, l'espèce de divine plénitude de la matinée simplement obscurcie par l'image d'une mâchoire de cheval pleine de dents ivoire apportée par une vague, roulant et butant sur les pierres et qui oscille dans un ruissellement d'argent.

Midi. Les bandes de nuages fuient. Il se forme un simple trou bleu qui se creuse et devient immense. Le chuintement lointain et assourdi d'un long-courrier dans le ciel vide…

Le voisin célinien avec ses paletots et ses haillons trifouille dans l'appentis. Je l'entends grommeler, déplacer des choses lourdes, donner des coups de marteau, puis je le vois sortir, tirer, saisir de longues planches pleines de clous, extraire des voiles d'un blanc jauni, par l'étroite porte, ces grosses toiles qui enveloppent l'homme d'un curieux froissement rigide, comme s'il voulait disparaître dans les plis, s'accoupler avec et s'envelopper dans des cordes qui pendent. Enfin il sort et brosse un prie-Dieu à haut appui chantourné noir, baroque, brillant, avec des traces de velours moisi rouge. Il pose un fauteuil devant lui et à genoux époussette les pieds avec une balayette de cuisine, doucement il semble chatouiller et caresser ce mobilier incongru sur la terrasse.

Je fais signe à Ariane de suivre l'évolution de cet homme qui bichonne les pieds d'un prie-Dieu. Il l'a d'ailleurs placé au milieu de sa terrasse, face à la mer, bien au repos dans sa dignité de prie-Dieu, face aux vagues, prêt à les affronter, à leur dispenser sermons, bénédiction *urbi et orbi*, prières et conseils théologiques, dans le bon ordre et la sagesse et le rayonnement que suppose la majesté de l'endroit.

Un prie-Dieu face à la mer. Elle va monter, l'eau, insidieusement, festonnant les varechs d'une écume sale, genre fond de café crémeux.

Enfin, après avoir contemplé l'objet sacré et éprouvé sa solidité, le voisin disparaît dans la maison. On l'entend qui ferme les fenêtres avec méthode pour s'isoler.

Vers 8 heures du soir, les journaux posés sur la table s'imbibent d'humidité. J'entends des voix sur le port. Des fantômes parlent entre les masses plus sombres des voitures sur le parking deviné. Je marche sur la petite route entre les murs des maisons, les terrasses et les jardins. Tout là-haut, encore un minuscule néon qui brille un instant, ça doit être un lampadaire qu'on a oublié d'éteindre, ou qui vient de s'allumer. Quelques voitures disparaissent en ne laissant que de lointaines ondes sonores qui rôdent au-dessus de la baie… Le vent de la terre chasse la brume ; la mer réapparaît.

J'apporte le plateau d'huîtres pour le

dîner. La coquille de l'huître garde quelque chose du plissement géologique hercynien, de l'époque carbonifère, elle est armoricaine, paléolithique, entre le grès plus rigide et rugueux et la craie friable. Quand on l'ouvre, des écailles sautent et viennent se poser, soit sur la lame du couteau, soit flotter dans le tremblant reflet d'eau qui baigne la corolle.

Un héron vole majestueusement au ras de l'eau vers l'île à bois et le large. L'Écrivain ouvre le portail en bois puis le ferme dans un léger claquement. Swann vient donc d'entrer. Il apporte deux bouteilles de bordeaux. Si on lève la tête, des couches de nuages se croisent à de grandes hauteurs.

15 juillet.

L'orage approche. Devant un saladier de crevettes et trois verres de vin blanc, on parle des films de Bergman. Ariane allume les bougies. Sur la terrasse, les hirondelles frôlent l'eau avec des zigzags. L'Écrivain évoque Stockholm et ses ponts couverts. Les bateaux blancs qui ressemblent à des vapeurs 1900 avec leur épaisse cheminée qui crache noir.

La neige forme des entassements de sucre cristallisé gris sale. Canaux, bras de mer, bassins, lagons, ruisselets, étangs à demi pris dans la glace, quais encombrés de vieux gréements, bois vernis peints, chemins enneigés d'un parc, baraquement-restaurant avec de larges baies vitrées envahies de buées aux contours mous, brins de houx avec ruban de soie rouge. Quelque chose de boréal pour nous.

Le glacis du ciel. On parle des visages des jeunes femmes si pleins, si frais, lavés par une eau limpide dans chaque cadrage, une grande lumière calme baigne d'ailleurs les jeunes corps féminins. Une espèce de joie tendre allège les corps, caresse les gorges et les hanches des actrices filmées par Bergman, surtout dans *L'Attente des femmes, Rêves de femmes* et *Jeux d'été.*

L'Écrivain raconte son séjour. Les matins de flânerie en sortant de l'ambassade, les nuages, le ciel, les eaux, les bassins, les voiliers, les mouettes qui creusent un paysage libre et ouvert. Puis la lecture des journaux étrangers dans un café avec un poêle énorme à carreaux, la grille cuivrée par où l'on voit un tas de braises, la tasse de café fumant en faïence bleu de Delft. Et puis les barbes fournies et les favoris des tableaux d'ancêtres, pendus entre deux bibliothèques vitrées qui renferment de lourds volumes reliés. Chaleur ouateuse de la pièce. Puis, en sortant, l'air vivifiant qui serre la tête, transparente promenade dans des heures provinciales, à l'abandon des ruelles. Ces jardins évoquent d'étroits cimetières enneigés parce que les maisons ressemblent à des chapelles. On entend des chants religieux derrière les vitraux. Les traces de glace à la base des portes en verre des grands magasins. Sentiment d'être dans un paysage de cristal, froid, cassant, qui mène aux allées d'un parc endormi dans un conte. Tout cela est dessiné avec une pointe de crayon si fine que le plomb s'évanouit vers les cimes de quelques pins. On croise un soir de jeunes visages radieux avec des peaux blanches qui irradient. Les cheveux blond cendré bien lisses font des vagues et se perdent dans la lumière tremblante des bougies. Nudité poudrée d'un visage.

Ces grands cafés en longueur, genre salles de paquebot, sont cernés de vagues sombres, devenues spectrales sous le crépuscule. Elles battent sans cesse la ville, forment des ondulations qui s'insinuent et glissent dans les canaux, les bassins, sous les ponts et les sapins.

Au loin, un bois clairsemé avec quelques bancs. Écailles de glace, presqu'îles de songes, promontoires perdus ; et ces flocons de neige qui soudain volettent autour de nous, effleurent, posent de fourmillants points de fraîcheur sur la peau. L'Écrivain nous dit combien il fut marqué par de cette espèce de fièvre cachée quand la nuit tombe tôt, elle nous dorlote, nous imprègne, nous envahit comme si on avait traversé un miroir. Les boulevards ressemblent à un chenal en haute mer.

Je me souviens de mon unique visite à Stockholm. L'hiver, avec la neige un peu sale, poussée sur les bords, les lanternes 1850, le brumeux du fond des rues, les doubles fenêtres avec des lueurs à l'ancienne qui glissent au plafond. Un conte de Noël un peu morose qui n'en finit pas. Les passants marchent vite, les enfants blondinets passent en ombres chinoises devant des supermarkets ; des bébés piaillent dans un snack-pizzeria sicilien avec murs en briquettes apparentes, plateaux-repas et armoires réfrigérantes d'où l'on sort à la fois des assiettes de charcuteries sous cellophane, des bières, des parts de gâteaux fourrés, des saucisses, du pain de seigle, du saumon à l'aneth. Un étang de buée s'élargit sur la baie. Ce mélange de gens calfeutrés et de rues fantomatiques, avec le brouillard soudain, ah oui ! quelle charrette fantôme, la Suède.

17 juillet.

Le temps fraîchit. La plaque de lumière si blanche s'éteint avec lenteur. Les dalles de calcaire poli de la terrasse, si réverbérantes, ne forment plus qu'un assemblage de formes brisées, des fragments beiges mouchetés de taches brunes. Je passe ma journée seul. Ariane est repartie à Paris… L'Écrivain repeint la coque de son voilier dans un hangar qui sent le vernis. Je feuillette un vieux manuel de latin et tombe sur des lettres de Pline. Je les lis en pensant que l'été va finir. Il faudra travailler davantage à Paris, oublier l'endroit de la plage où un pin, incliné au-dessus des galets, perd ses aiguilles desséchées. Je suis bercé par les souvenirs flous de mon premier séjour à Rome, à la fin des années 70.

La ville de Rome, ses environs inachevés

tout en échafaudages à l'abandon, ses couples qui traînent, débraillés, timides et nus, fragiles, insolents. Ils disparaissent dans le bourdonnement des collines herbeuses désolées et grillées.

Légère oscillation du filet d'eau des fontaines dans le soir qui vient… Le soir. Quand le vent se lève, le virage lent du dernier bus qui rentre au dépôt ; il pénètre dans une cour de ciment couleur brique avec des sillons d'herbe. Les escarpements ombragés du Janicule, lumière tremblée sur des milliers de toits et de terrasses aménagées. Voitures qui glissent au loin, gouttes d'eau lentes qui brillent un instant dans les verdures au loin. Interminables murs terreux de l'hôpital San Michele, cloîtres pelés de bruns, rougeâtres lépreux entre leurs colonnettes… C'est comme une confidence des pierres, un murmure des pins et la promesse du matin sur les grandes avenues plates et larges ; des immeubles blancs trop réguliers, modernes, défilent doucement dans les vitres du bus qui semble les écarter devant lui… Puis des hangars délabrés avec des tôles ondulées qui craquent la nuit ; une muraille de l'empereur Hadrien se perd dans une fosse feuillue et un ravin épineux garde le pollen des pissenlits d'une saison disparue… Il y a des grillages tordus, des jouets d'enfants sur un espace de goudron fissuré. Un vieux marché aux fruits avec ses empilements de cageots, tout absolument désert… Un bâtiment des postes éteint, un terminal de bus avec des traces blanches au sol. Et rien, soi, rien que soi… Une fontaine avec son murmure d'eau qui coule sur une mosaïque. On se dit que la nuit s'en va, par lambeaux... Qu'il ne reste que la tristesse. On s'installe alors dans un tramway vert plombé, il doit partir dans dix minutes et on attend… Content d'être à l'abri, pas rasé dans son manteau un peu long, vieux, bizarre. Là dans le tramway, des visages ordinaires et sans joie, des femmes silencieuses, les mains posées sur les cuisses ou posées sur un sac à main bon marché. Les voyageurs pris dans la torpeur de pensées un peu vides, sans faire un geste, un mot ; on attend tous le départ comme une délivrance religieuse…

Je referme la grammaire latine. Des chiens s'amusent, le voisin tousse et crache de l'autre côté de la terrasse, à l'abri derrière sa cloison de feuillage. Il déplie ou replie des longues bâches blanches jaunies qui doivent être des voiles. Je m'accoude à la rambarde. Les lentes eaux montent le long de la colline et font songer à ces lacs de montagne quand ils se couvrent.

Ces énormes nuages, vapeurs qui rôdent dans les vallées, apportent de froids pressentiments de la mort, lentes brumes qui montent le long des pentes de sapins, gouffres, ciel bas qui annonce les moments d'une soirée où l'on clapote dans le Rien.

Une cloche sonne. Et ce tintement régulier approfondit le silence pour retrouver l'enfance disparue. Puis le simple cliquetis d'un diesel, des portières claquent, un chien qui jappe, l'obscurité et le paysage muet développent ses ondes. La baie et ses collines nous protègent.

Dans un coin oublié du ciel apparaissent quelques points tremblants de lumière... Je pense que nous sommes « dans le vestiaire de Dieu »... non, c'est ma grand-mère qui disait cela, « nous sommes dans le vestiaire de Dieu ». Mes parents haussaient alors les épaules.

18 juillet.

Mon ami l'Écrivain a fini de rédiger son roman. Il me confie qu'il a l'impression de n'avoir rien dit, ni écrit d'intéressant dans son roman... En général, quand on finit un livre, on tombe malade : angine, migraines, rhume, trous dans l'estomac, furoncles. J'imagine tous les trous dans l'estomac de ceux qui ont fini leur roman de septembre. Normal. Je me demande, une fois le téléphone raccroché, pourquoi je ne lis que du théâtre, la nuit, Tchekhov. Ce besoin que j'ai de famille russe qui rit, pleure, se souvient, s'étreint, se console, se déchire, fume le cigare, parle de Moscou... J'écoute les vagues lentes déferler puis s'éloigner...

Le crépitement d'eau qui dansote dans ses bulles. Un ouvrier pénètre dans l'enclos des bassins à crustacés et ouvre des vannes. Alors ruisselle et monte dans le silence, au cours de la soirée et au début de la nuit, ce régulier déversement d'eau.

Mer tranquille. Ciel limpide et froid.

Une baie sépulcrale enrobe, enveloppe et grimpe le long des roches... Les ténèbres protègent quand on allume une cigarette avec la main qui forme une conque pour abriter la flamme. L'impression que le cerveau se lave et s'apaise loin des bavardages de la journée. Le port devient tranquille. Un garçonnet fait des 8 avec son vélo sur le parking. Le voisin détache des chemises du fil tendu et grommelle tout seul. Des bouteilles vides me regardent, entassées sur le ciment. Confusément, ce qui se cache dans la soirée rampe sur la terrasse. Le ciel devient inconnu ; les ombres sous les coques des voiliers deviennent des serpents. Le courant contre la muraille du port happe et entraîne des choses vagues et magnifiques.

Sur cette presqu'île et tout au long de cette baie qui s'éteint, ce qui règne et questionne :

la nappe profonde de l'eau qui clapote. Il y a l'épanouissement d'une énigme chaque soir et on s'enfonce dedans.

Le ciel se vide, tout devient pièces courbes. Drôle de moment.

19 juillet.

J'ai été réveillé par la pluie qui crépite sur le toit. Ariane a appelé de Paris au milieu de la nuit. Couché sur le côté, j'entraperçois la molle lueur grise de la journée. L'eau gargouille et tinte dans la gouttière. Le rideau gris s'écarte, la mer est grise, la baie grise, le port luisant d'eau avec de grandes flaques sombres qui frissonnent. La journée va rester dans le brouillard et le silence. Une robe d'Ariane pend, accrochée à un cintre métallique, et me fait songer que j'abandonne régulièrement le chaos et la suffisance d'un monde qui bouge sans cesse, pour rejoindre les pentes neigeuses d'un corps qui, lui, est doté du don magique de dispenser une inépuisable douceur et une chaleur qui rayonne longtemps après qu'il s'est éloigné.

Les deux valises ouvertes baillent sur le parquet. La chaise Directoire vers l'embrasure de la fenêtre repose dans une clarté cendreuse. La toile blanche d'une robe d'été d'Ariane passe comme un songe et s'ouvre comme une voile. L'obscurité se creuse le long du couloir qui mène à la salle de bains. J'allume les appliques le long des murs. Dans la cuisine, la longue table avec ses saladiers. Les ustensiles, mystérieux indices, jonchent la toile cirée. Ça sent la maison déserte, à l'abandon soudain, comme si, l'été, les moments scintillants avaient disparu avec Ariane et son petit bagage en gare de Saint-Brieuc.

20 juillet.

Odeurs sucrées du jardin. Un banc de sable se couvre d'eau avec une zone qui reste trouble.

Je reviens dans la chambre pour ranger les piles de livres. Je feuillette le vieux manuel de latin, et je tombe à nouveau sur des lettres si calmes de Pline.

Grâce à lui, je marche dans une espèce de lumière blanche qui grille les pins, les bancs, les forums, les arches de pierres trouées, les cirques, les cloîtres, les vélos, les marches des escaliers étroits, les jardins, les thermes. Rome est jonchée d'ambitions brûlées et de paroles de belles esclaves le long d'un atrium. Palmiers, immense baignoire des arènes, rêves africains.

Je revois l'eau dormante et paresseuse

d'un canal dans des roseaux à perte de vue. La ville de Rome, au loin, comme une virginité paisible qui dure depuis tant de siècles, ses longues villas qui forment des rides sur l'eau du Temps, ses sénateurs qui discutent assis sur du marbre, laissant barboter leurs gros pieds et la plèbe qui discute sous les arcades du Colisée. J'avance dans un immense amphithéâtre de blocs de pierres sur lesquels la lumière tranchante rebondit.

L'eau dormante et paresseuse d'un canal enferme ma jeunesse disparue.

Il ne subsiste ce soir que des notes sur une table, et le chant de la baie vers le soir, dans son gaspillage magnifique. Grâce à trois verres d'alcool, je reste dans la volupté des collines herbeuses désolées et grillées.

21 juillet.

La baie se transforme en lac livide. Tout s'enveloppe de moiteur et de touffeur. L'immobilité des haies dans lesquelles butinent encore quelques bourdons. Les lentes ondes couleur de plomb viennent s'éteindre en suaves reflets visqueux le long des galets... Tout devient pesant, gris, suspendu ; on entend caqueter une poule derrière une haie. La lumière luit, basse, diffuse, filtrée par la couche de nuages, et donne un effet de pleine lune. Les tourbillons prennent, par endroits, une irradiation blême. Lumière décalée de paysage d'un autre siècle, faite pour les gravures et les tailles-douces fantastiques, la planète morte, pensai-je, les jardins à l'abandon, les humains réduits à leurs occupations inutiles : faire brûler un tas d'herbes, planter des clous dans un mur, changer l'eau d'une bassine où trempe la morue.

Vers la rampe de ciment de la cale, deux gros nageurs baignent dans la mer comme dans du mercure. Ils s'éclaboussent et restent à se contempler mutuellement, dégouttant d'eau brillante et finissent par se poursuivre. Ils se fouettent à coups de serviette puis se rhabillent essoufflés, près d'une camionnette.

Enfin, la camionnette tourne et disparaît vers la grande route, un chien jappe, puis l'obscurité, le silence, le paysage muet développe ses ondes. La baie et ses collines apparaissent avec, au-dessus, quelques points tremblants de lumière.

22 juillet.

« Soirée à chauve-souris ! » s'exclame joyeusement notre ami l'Écrivain en fermant le portail. Il pose deux bouteilles de chablis sur la table, entre les raviers de crevettes cuites, le bol rempli de bigorneaux et l'autre bol avec des glaçons qui fondent. Au dessert, un peu allumé par les alcools, il s'empare du volume des *Mémoires d'outre-tombe* de Chateaubriand. C'est un livre de poche écorné et balafré de commentaires. Il feuillette et retrouve alors le passage sur la prise de la Bastille. Magnifique, le bras levé, l'œil enflammé il se métamorphose devant moi et devient Rouget de l'Isle chantant *La Marseillaise* dans un salon à Strasbourg.

Je regarde par la fenêtre. La sécheresse noire et minérale de la nuit s'installe sur le port. Des bouffées de musique nous parviennent.

23 juillet.

L'horizon se couvre de noir. Je m'installe entre des rochers. L'eau tremble tout autour. C'est une étendue qui bouge, tantôt dormante et plombée avec des rochers qui sèchent, tantôt brusque, soudaine, un bouillonnement qui s'achève par de lentes vagues plates qui apportent des morceaux de bois charbonneux qui se dispersent dans un enchevêtrement d'algues. Des oiseaux de mer tournoient, un tracteur passe, la nuit vient. Des enfants remontent vers l'autre sentier qui mène vers la chapelle et les lotissements.

Plus tard, je traverse le champ de galets. C'est ici que les eaux s'étendent lisses, prennent des ondulations molles, l'endroit apaise. Rester assis sur le muret en béton d'un ancien bassin à crustacés qui n'est plus que de l'eau dormante avec d'infimes frissons, quelques bulles qui montent et tournoient. C'est une simple étendue de soir. Saisissement du froid. Goudron noir de la route vide, prairie de la baie qui devient irréelle sous les errances nuageuses. Ariane me manque.

Revenu sur le port, j'observe les marins qui lancent des entrailles de poissons dans l'eau. Les mouettes piaillent, forment une nuée d'ailes battantes… Tout ça danse dans des couleurs si crues que cela ranime et fouette… Ce vert obscur, lascif, qui flotte, épais, vitreux au milieu de la baie, me fait toujours penser à mes onze-douze ans, le sel qui pique, les jambes maigres qui avancent dans l'eau froide, ma sœur qui a les lèvres bleues tremblantes. Le sel de l'enfance, les groseilles, l'âpreté, le jugement incisif sur les adultes, sauvagerie perdue.

24 juillet.

Une clarté prodigieuse s'étale ce matin. Un air translucide et citronné parfume la terrasse.

Des bleus profonds s'installent sur l'eau et circulent au-dessus des nappes d'herbes ondulantes. Des sillons caillouteux apparaissent déformés par les vagues claires, et aussi des aspérités goudronneuses, des roches qui s'incurvent et s'enfouissent dans du sable rougeâtre. La lumière de 11 heures étale une mer immense et molle. Des îlots et des voiliers inclinés brillent un instant... Le soleil chauffe, à midi, la tôle de la table et la peau de mes coudes. Sur le toit de la maison marchent des couvreurs. Il y a toute une contagion de calme dans les ruelles et les escaliers du quartier.

La baie entière ressemble à un pâturage ancien et verdoyant. C'est un moment doux, tranquille, tiède.

Demain, je rentre à Paris.

Achevé d'imprimer
sur Roto-Page
par l'Imprimerie Floch à Mayenne
en mars 2009.
Dépôt légal : mars 2009.
Numéro d'éditeur : 90.
Numéro d'imprimeur : 73352.

ISBN : 978-2-84990-113-7. / Imprimé en France.